for engineers
Microsoft Word re-introductory course

佐藤竜一

新版

エンジニアのための Word 再入門講座

美しくメンテナンス性の高い
開発ドキュメントの作り方

まえがき

「ドキュメント書くの面倒くさいなー」

そう思うソフトウェア・エンジニアは決して少なくないはずです。しかしソフトウェアの構築が一人ではできない作業である以上、ドキュメントは複数人の効果的なコミュニケーションの実現には欠かせません。受託開発であれば、顧客が求める結果を得られるソフトウェアが完成したかどうかは、要件定義書や外部設計書と照らし合わせて担保する必要があります。自社の事業に資するソフトウェアでも、ソフトウェアの開発担当者と事業の責任者の間では各種の合意や意思決定の結果がドキュメントとして残されるでしょう。そして関わる人間の数が増えれば増えるほど、コミュニケーションの効率を高めるために、ドキュメントの重要性は増大します。

一口に「ドキュメント」と言っても、その形式はさまざまです。ソースコードのコメントも、ITS（課題管理システム）に登録されたチケットやタスクの説明も、ソースコード管理システムのコミットログもすべてドキュメントです。大切なことは「その時点での意思決定の結果を明確に残すこと」、「ソフトウェアやシステムの正当性や、現状に至った理由（なぜこうなっているのか）を必要なタイミングで確認可能とすること」、そして「それらの情報を第三者にわかりやすく伝えられるようにすること」です。

「では、意思決定の結果はどう記録すればよいのか？」――ミクロな意思決定の結果（処理結果をメモ化した理由やその実現方法）はソースコード内のコメントでも問題ないでしょうし、むしろそのほうが後から参照しやすいかもしれません。しかしライブラリやミドルウェアの選定理由、性能設計の前提となる想定負荷や時間あたりの処理件数といったマクロな意思決定の結果は、複数人での共有や後からの探しやすさを考えて、独立したドキュメントとするべきでしょう。

「では、どんなツールでドキュメントを作るのか？」――記録する事実のレベルや、その事実を必要とする人の範囲は多岐に渡りますから、単一のツールですべてを賄うのは非効率です。用途や目的に応じて最適なツールを選ぶべきで、その選択肢は多いに越したことはありません。しかし、ソフトウェア・エンジニアがいざ（特に「非エンジニア向け」の）ドキュメント作成に取り掛かると、決まって選択されるのはExcelかPowerPointで、Wordはなかなかその選択肢に入りません。巷にはどう見てもExcelには向かない内容を、悪名高い「Excel方眼紙」で必死に作成するエンジニアが未だにあふれています。

「では、なぜWordは選ばれないのか？」——それはおそらく、Wordが一見「素人でも使えるツール」のくせに「よくわからない動作をする」と思われているからではないでしょうか。しかし、Wordはちゃんと使えばきちんと結果を出す「有能なツール」です。正しい使い方さえ理解すれば、何も考えなくても体裁が整ったドキュメントが自然にできあがります。それによって、我々のエネルギーは「ドキュメントの体裁を整える」ではなく「必要な情報をわかりやすく伝える」ことに注力できるようになります。

Wordの有能さは、ドキュメントの変更のタイミングでも大いに発揮されます。冒頭で「ドキュメント書くの面倒くさいなー」と書きましたが、ソフトウェアに関するドキュメントはむしろ、（システムに変更を加える際に）「ドキュメント直すの面倒くさいなー」と思わせられることのほうが多いように思えます。そしてドキュメントの修正は、純粋な保守フェーズのみに現れるのではありません。ソフトウェアは開発の過程でもどんどんその姿を変えますし、昨今のビジネスの変化の速さを考えれば、その速度が遅くなることは決してないでしょう。本書はWordの機能を使って、ドキュメントの保守性を上げる方法も合わせて説明しています。

本書を読まれた方の仕事の質がより高くなること、筆者にとってこれ以上の喜びはありません。本書がそのために少しでもお役に立てば幸いです。

本書で扱うバージョンについて

本書の記述内容は、2020年3月時点のMicrosoft 365 (Word 2019相当) に基づいたものです。他のバージョンでは画面や機能が異なる場合があります。

目次

コラム

第1章

ドキュメント作成の意味とは？

日々の作業の中で、ドキュメントを「作らされるもの」と考えていませんか。それはあなたにとっても不幸ですし、そのドキュメントを読まされる人にとっても不幸なことです。

ドキュメントは、同時に多人数へと情報を伝達可能なコミュニケーションツールです。コミュニケーションツールという側面を意識することによって、ドキュメントを作成する意義は変わってきます。本章ではドキュメントに求められる特性についてまず説明し、よいドキュメントを効率よく作成するためにワードプロセッサ（ワープロ）を利用することを提案します。

1.1 なぜドキュメントを作成するのか

我々の仕事はよく他人から「一日中プログラムを書いている仕事」と誤解されることがあります。そんな仕事であれば幸せかもしれませんが、残念ながらそんなことはありません。実際のところ、我々の仕事のかなり多くの部分は、種類を問わずドキュメントの作成に費やされています。20世紀の現場とは違い、現在の現場でプログラムコードの逐次翻訳のような詳細設計書を作らされることはさすがにありません。それでも、ドキュメント作成にかかる時間の比率はまだまだ高いと言えるでしょう。

では、なぜ我々はドキュメントを作成しなければならないのでしょうか。開発標準として書くことが決められているから？　上司や先輩が「書け！」と言ったから？　顧客から「納品物件だ！」と言われたから？　よくわからないけどそう決まっているものだから？　いやいや、そんな後ろ向きな理由ではないはずですよね。

ドキュメントを書く理由は簡単です。それは、**ドキュメントがコミュニケーションツール**だからです。

1.1.1

コミュニケーションツールとしてのドキュメント

開発の現場ではさまざまな情報が生まれ、そして他人に伝えられます。顧客とのヒアリングで収集した要求事項、長い会議の末にまとめられた合意、技術上の問題の解決策といった「現場で生まれた情報」は、それを必要とする他の誰かに正しく伝えられなければなりません。誰かが誰かに情報を伝達しようとするのなら、そこには必然的にコミュニケーションが発生します。

他者に伝えられるべき情報の寿命や範囲は、もちろん多岐に渡ります。単純な指示や依頼（「これをやってほしい」）であればその寿命は一瞬（依頼したことが完了すれば捨ててもかまわない）かもしれませんが、指示を生む背景となった事象や考え方（「この問題はこのような理由でこのように解決する必要がある」）であれば、それは教訓や意思決定の根拠として、長らく記録されなければならないかもしれません。指示であれば口頭での伝達やチャット、メールでもよいかもしれませんが、教訓や意思決定の根拠として残すのであればドキュメントとして形式化が必要です。

もちろん、記録はチャットやメールでも行えるでしょう。しかしチャットやメールのようにリアルタイム性が高いコミュニケーション手段で記録された事実は、後からの活用に想像以上にコストを要します。その場では関係者間でコンテキストが共有されているため、理解も早く伝達も容易です。しかしその場で醸成されたコンテキストが失われた後、あるいは他にも多数流れる情報の海に紛れてしまった後では、その時点で伝わった内容を再現することは容易ではありません。メールボックスを検索する、あるいはチャットのログを読み返すことによって、そのとき決まったことをようやく思い出せたという経験は、本書をお読みの皆さんもきっとお持ちのはずです。

ですから、多数の相手に、かつ将来に渡っても伝えたい情報は、何らかの形でドキュメントとして残す必要があります。それはWordやExcel、

PowerPointのようなOffice製品で作成された「スタンドアロンのドキュメント」かもしれませんし、プロジェクトポータルサイトや社内ブログに掲載されたページやエントリといった形式になるかもしれません。その形式はともかく、効果的に情報を伝えるのであれば、背景も含めて整理されたドキュメントは絶大な力を持ちます。

記録は簡単ですが、記録された内容が容易に活用できるかどうかはまた別問題です。会議の内容を録音したからと言って、その会議で決まったことを他者に伝えるために録音された音声データを直接渡す人はいません。通常はその会議の要旨や決定事項を議事録としてまとめ、その議事録を使って情報を伝達するはずです。それはもちろん、それが（仮に作成に時間がかかったとしても）最も低コストな情報伝達手段となるからです。

1.1.2

ドキュメントにまつわるコスト

コミュニケーションの手段として何を利用するかを問わず、コミュニケーションにはコストが発生します。効果的なコミュニケーションを実現したければ、常にコミュニケーションのコストと、それによって得られる結果とをてんびんにかける必要があります。

ドキュメントの作成と維持にも、コストは常につきまとう問題です。開発の現場で用いられるドキュメントなら、以下のコスト要因について、常に考えなければなりません（図1.1）。

■図 1.1 ドキュメントにまつわるコスト

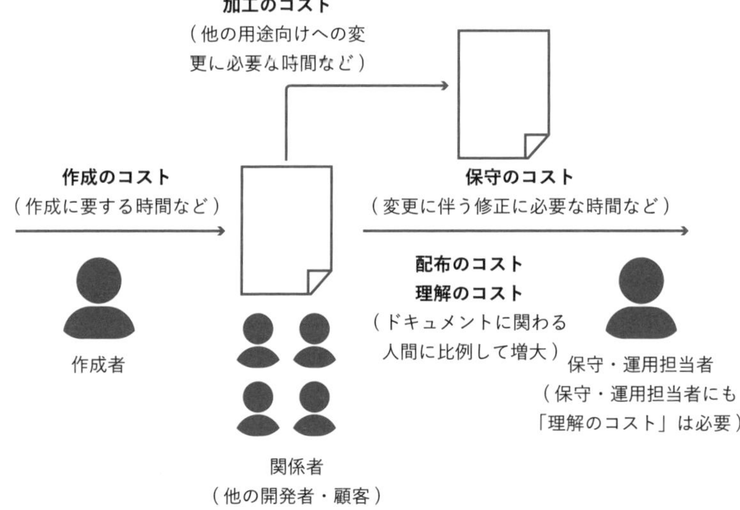

▸▸作成のコスト

ドキュメントの最初のバージョンを用意するまでにかかるコストです。よいツールを使えば、このコストを下げることができます。ただし、これは基本的に最初のバージョンを作成する際にのみ必要となります。

▸▸配布のコスト

ドキュメントを他者に配布するためにかかるコストです。このコストは通常、伝えたい相手の数に比例して増大します。「伝えたい相手」は作成時点だけでなく、ドキュメントが存在する間、そしてドキュメントが改訂されるたびに増え続ける点に注意してください。

プロジェクトポータルサイトやITS（課題管理システム）に記録すれば配布のコストは下がりますが、それを参照できるかどうかは、ネットワーク境界やライセンスにも影響を受けます。社内で閉じたネットワーク上にあるITSには、顧客からはアクセスできません。クラウド上のサービスであっても、情報を伝えたい人間の数とサービスの利用に必要なライセンス費用のトレードオフで、費用対効果に見合わないケースも考えられます。逆にスタンドアロンのドキュメントであればこのような制約は小さくなりますが、最新の状態を得るためのコストは上昇します。

▸▸理解のコスト

書かれた内容を読者が読み取り、その内容を理解するために必要となるコストです。ドキュメントの読みやすさがそのままコストに跳ね返ります。つまり、ドキュメントが読みやすければコストは低く抑えられますし、そうでなければ高くつきます。

配布のコスト同様、伝えたい相手の数に比例するので注意してください。読みにくいドキュメントを読まされるのが3人なら大した問題とはなりませんが、100人が読むドキュメントでは無視できない値となるはずです。

理解のコストは、ドキュメントが存在する間発生し続けます。つまり、そのドキュメントを読む人が存在する以上、そこには理解のコストが発生するということです。

▸▸保守のコスト

いったん作成されたドキュメントの内容を、現状に合わせて更新するためのコストです。作成のコストに近いケースもありますし、まったく異なるケースもあります。

保守のコストは当然ながら、そのドキュメントが存続する間要求されます。もちろん、ドキュメントの保守をあきらめればコストはゼロになります。しかし現状と合わないドキュメントはその記述対象に対する誤った理解を引き起こし、最終的には大きなツケを払わされることになるでしょう。

▸▸加工のコスト

我々が作成したドキュメントは、常にそのまま使われるとは限りません。ドキュメントの受け取り手がすべて同質（例：全員がそのシステムの開発者）であればともかく、異なるバックグラウンドを持つ受け取り手が混じっている場合は、彼ら／彼女らに効果的に情報が伝わるように元のドキュメントを加工するはずです。

受託開発で作成するドキュメントについて考えてみましょう。開発者が作成したドキュメントを受け取った顧客（開発者の直接のカウンターパート）は、そのドキュメントを自分自身だけで使うわけではありません。そのドキュメントが示す情報をエンドユーザーや経営層のような組織内の他のメンバーに提供し、必要な意思決定を行います。このとき、開発者が渡したドキュメントがそのまま使われるとは限りません。コミュニケーションが円滑に進むよう、そのドキュメントを提示する相手の興味やリテラシーに応じて、受領したドキュメントは顧客側で加工・改変されるかもしれないからです。改変は必要部分の引用程度で収まるかもしれませんが、ときにはそのドキュメントに対する補足の追記や、個別の図の加工にまで及ぶかもしれません。

もしドキュメントが容易に加工できない形式であれば、このコストは跳ね上がるでしょう。たとえば、コピー&ペーストによる再作成しか加工の手段がないとすれば、結局、作り直しに近いコストが必要となります。

ドキュメントのコストは、常にドキュメントから得られるメリットと照らし合わせた上で、意味がある範囲に収めなければなりません。得られるメリットが低ければ、「ドキュメントを作成しない」か、「ドキュメントを用意するコストを下げる」か、「より低コストでのコミュニケーションを利用する」か……といった選択を迫られるはずです。

たとえば、チーム内の5人に伝達するだけのメモであれば、テキストエディタで簡単に作成したメモや、メールの本文で十分です。10人程度の打ち合わせの場で使うレジュメであれば、ワープロなどで簡単に作成したものでよいでしょう。これらにおける最大のコスト要因は作成のコストですから、そこを最小化することが目的となります。理解のコストはほぼ無視できますし、保守のコストはまず不要（使った後は廃棄してもかまわない）です。

では、運用チームに引き渡す作業手順書の場合はどうでしょうか。システムに改修が入れば作業手順が変わることが予想されますから、保守のコストを最小限にできる形式が求められます。作業手順のステップを示す連番を手でいちいち振り直すような形式は、確実に保守のコストを悪化させることとなるでしょう。

COLUMN

Word を捨てよ、Markdown へ向かえ？

最近は Office ツールではなく、Markdown 形式のような軽量のマークアップ言語を使ったテキストファイルとして、ドキュメントを作成することも一般的になりました。エンジニア間でのコミュニケーションに限定し、かつテキストがメインとなるドキュメントであれば、Markdown 形式はさまざまなコストを抑えられる有用な手段であることは事実です。

問題は、Markdown 形式に関するリテラシーを持たないメンバーや関係者にも Markdown 形式を強要した際に発生します。残念ながら一部のエンジニアは、たとえば顧客に提供するドキュメントとして Markdown 形式のテキストを PDF に変換した結果を平気で提供しています。本人は「読める形式で提供してあげた」と考えているかもしれませんが、PDF 形式のドキュメントは先に述べた「加工のコスト」を大きく跳ね上げてしまうことに気づいていません。

Markdown 形式でドキュメントを作成したエンジニアは、そのシステムからはいずれ離れるかもしれません。しかし PDF 形式でドキュメントを受け取った顧客は、そのシステムを将来にも渡って保守・運用しながら利用し続けます。システムに変更が入った場合、容易に変更できないドキュメントしか手元にないとしたら、そのシステムの運用はかなり厳しいものとなるでしょう（せめて Word 形式に変換してくれれば、まだ救われるのですが）。

1.2 よいドキュメントの条件とは？

筆者が考える「よいドキュメント」とは、**ドキュメントにまつわるコストを最小化できるドキュメント**です。しかし、開発プロジェクトには一つとして同じモノはありませんから、当然ながらドキュメントの使われ方も千差万別です。そのような中で、あらゆるドキュメントについて「これはこうせよ、あれはこうせよ」と個別に規定することは不可能でしょう。大切なのは一つ一つ事細かに決めていくことではなく、物事を決めるために必要な「原則」を明確にすることです。

そこで、筆者は以下の3つの条件を満たすドキュメントを「よいドキュメント」としています。この3つの条件が満たされていれば、間違いなくドキュメントにまつわるコストは最小化できるからです。

・読みやすい
・体裁が整っている
・メンテナンス性が高い

これをわかりやすく伝えるため、筆者は日頃から部下や後輩に、常にこう指導しています。

「ドキュメントは1が『見栄え』で2が『メンテナンス性』、内容はそれからだ」

「ドキュメントはまず内容だ」という方もいるでしょう。しかし筆者に言わせれば、上記3つの条件が満たされていないドキュメントは、少なくとも開発の現場では役に立ちません。

もちろん、ドキュメントは内容も大切です。しかし上記の3つの条件は、内容以前に絶対に必要なものです。以下では、その理由について簡単に説明したいと思います。

1.2.1

「読みやすい」とは？

他人に読んでもらうことが前提である以上、ドキュメントには読みやすさが要求されます。**読みにくいドキュメントは誰にも読んでもらえません。**読んでもらえないドキュメントはドキュメントではなく、単なる文字の羅列です。そんなものに存在意義はありませんし、ましてやそんなものの作成にお金や時間をかけるほど、我々に余裕はないはずです。

ドキュメントの読みやすさを実現するためのポイントの一つは、ドキュメントの構造にあります。ドキュメントは適切に構成されており、かつ「どこに必要な情報が書かれているのか」「どこは読まなくても済むのか」が明確にわかるようになっていなければなりません。このためにはたとえば、

・章などを使った、適切な内容の分割
・目次のような、各章の内容を即座に識別できる仕組み

が必要です。また、印刷物としてではなく、画面で見るということも考えれば、

・ただ単にスクロールするだけで上から順に読めるか
・必要な場所へと即座にジャンプすることができるか

といった特性があればうれしいでしょう。

1.2.2

「体裁が整っている」とは？

体裁、そしてドキュメントの見栄えが大切なのは、以下の簡単な理由によります。

- 見栄えが悪いドキュメントは、そもそも読み手が読みたいと思わない（それでは情報伝達の手段としての意味をなさない）
- 見栄えが悪いドキュメントは読者の注意力をそぎ、往々にして不正確な情報伝達の要因となる

「外見はともかく、中身はしっかりしています」というのは、作成者のエゴに過ぎません。体裁が整っていないドキュメントは、読み手をイライラさせます。**読み手に負担を押しつける**のは、少なくとも「読んでもらいたくて」ドキュメントを作っている人間のすることではありません。

「見た目じゃなくて中身だ」というのも、極めて危険な発想です。**見た目が悪いドキュメントは、そもそも読む気が起こりません。**なまじ読んでもらえたとしても、間違いなく情報伝達効率を悪化させることでしょう。読み手の意識がドキュメントの内容に集中できなくなってしまうからです。

ただ、「見栄え」と言っても、プロのデザイナーがデザインしたように洗練された、あるいは華美なドキュメントである必要はありません。大切なのは体裁が整い、全体としての統一感が保たれ、読みやすい形式になっているかどうかです。書店に並んでいる書籍を見てください。出版社は書籍を読みやすくするために、さまざまな工夫を凝らしています。書店に「素人がExcelで作ったような」体裁の書籍が並んでいたとして、あなたはそれを購入しようと思いますか？

20世紀の開発の現場では、コンピュータによるドキュメントの作成支援は十分なものとは言えませんでした。ですから、そのころのドキュメントというのは、正直なところ「手書きよりはマシ」というレベルでしかありませんでした。しかし今はそうではありません。美しいドキュメントを作成するのは、決して難しくも、手間がかかる作業でもないのです。

1.2.3

「メンテナンス性が高い」とは？

プログラム同様、開発で利用されるドキュメントが、最初から完全な状態で作成されるということはありえません。ドキュメントは繰り返し改訂・追記され、システムの完成と同時、あるいはそれより遅れてようやく完全なものとなります。

また、システムは「カットオーバーすればおしまい」というわけではありません。その後長い間、メンテナンスされながら使われ続けるものです。そのようなシステムについて記述したドキュメントであれば、ドキュメントの寿命はシステムと同じだと考えなければなりません。ドキュメントはシステムのライフサイクルに合わせて変化し、その変化はシステムの寿命が尽きるときまで収まることはないはずです。

システムに高いメンテナンス性が要求されるなら、ドキュメントにも同じことが要求されるはずです。ドキュメントのメンテナンス性が低ければ、結局はシステムの変化に合わせた変更が行われず、陳腐化してしまうことは目に見えています。

1.2.4

「見栄え」や「メンテナンス性」にこだわる理由

「それでもドキュメントは内容だ」と考える方もいるでしょう。筆者も決して「内容などどうでもいい」と言っているわけではありません。事実、以下の意見はすべて正論だと言えるでしょう。

- いくら見栄えやメンテナンス性がよくても、内容がスカスカなのであれば、ドキュメントとしての存在意義はない（読むだけムダである）
- 見栄えやメンテナンス性の担保に必要以上に時間をかけるのなら、そのぶん内容を充実させるために時間をかけるべきである

ただし、そもそもドキュメントの内容というのは「当たり前の品質」です。プロとして対価をいただく以上、内容がダメなドキュメントはダメです。しかし、ドキュメントに求められる「内容」を準備するには、プロとしての高い能力がまず要求されます。プロとして当然のごとく要求されることでありながら、実際に「当たり前の品質」を達成することは容易ではないのです。

一方、「見栄え」や「メンテナンス性」というのは「システム構築のプロ」としての能力に関係なく、**誰にでも実現できること**です。そこに難しい理屈はありません。ただ単に「目次を用意する」「意味のあるヘッダー・フッターを用意する」「フォントは使う局面に応じて統一する」といったポイントのみを押さえておき、それを愚直に行うだけの話です。適切なツールを利用しさえすれば、そもそもそれらを意識して行う必要さえありません。

プロとしての能力に関係なく誰でもやれること、やれて「当たり前」のことができていないということこそ、筆者は問題だと考えています。まして、「コンピュータのプロ」の看板を掲げているのであれば。

1.3 なぜWordなのか

我々が開発の現場でドキュメントを作成するために使うツールにはさまざまなものがありますが、それぞれに得手不得手があります。これを意識せずに「ドキュメントはすべてこのツールで！」と決めたとしたら、決して「よいコミュニケーション」は生まれないでしょう。

1.3.1

Excel方眼紙に代表される「すべてExcel」病

開発の現場でよく見かけるドキュメント作成技法に、Excelをワープロの（劣悪な）代用品として利用するというものがあります。シート上のすべての行の高さと列の幅をほぼ同じ幅（一般的には利用するフォントの高さ＋若干のマージン程度）に設定し、それを方眼紙のマス目のように利用してドキュメントを作成するという技法――いわゆる「Excel方眼紙」です。

この技法に問題があることはこれまでもさんざん語られていますが、筆者が思う一番の問題点は「極端にメンテナンス性が低い」という点にあります。以下、その問題を少し挙げてみましょう。

▸▸折り返し不在のドキュメント作成

行の折り返しが自動的に行われないため、印刷領域に収める作業はすべて人間が手で行う必要があります。文中に少しでも加筆をしようものなら、すべてのはみ出しを手で修正しなければなりません（図1.2）。

■図1.2 手で行の折り返しをしなければならない形式では、メンテナンス地獄が発生する

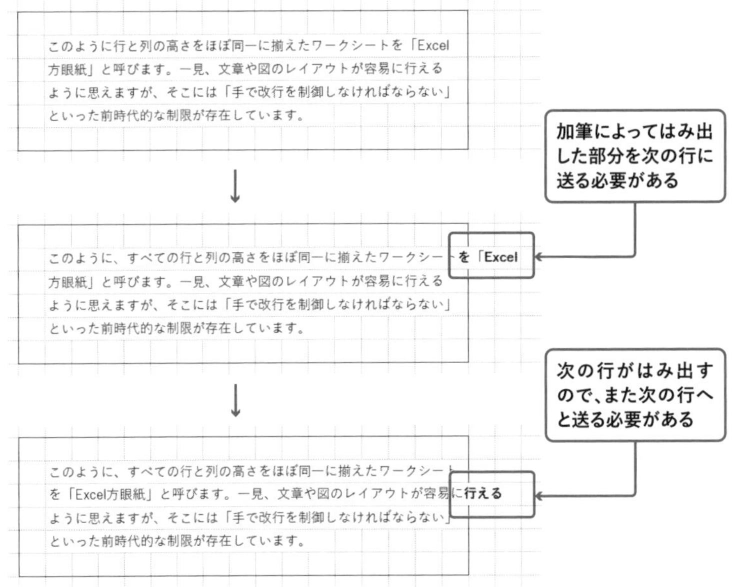

▸▸見出しや連番付けも手作業

Excelにはドキュメントを作成するための支援機能が何も用意されていません。番号付きの箇条書きや番号付きの見出しを配置したドキュメントを修正した場合、ずれた番号は手作業で修正することになります。

▸▸検索性が低い

図1.2の最初の行では「Excel」と「方眼紙」の間で行が分断されているため、このままでは「Excel方眼紙」という検索文字列にはヒットしません。見栄えのために加工した結果がドキュメントの質を落としているわけです。目次も自動的に作成できず、これも大きなドキュメントでは検索性を落とします。

また、前述の「折り返し不在のドキュメント作成」の問題を回避するため、

文章を全てテキストボックス内部に記入する人もいます。しかしExcelではテキストボックス内の文字列は検索・置換の対象とならないため、極めて扱いづらいドキュメントになってしまいます。

Excelの最大の強みは「表」そのものです。絞り込み・集計・分析・外部データの参照など、Excelでしか行えない作業は多々あります[※1]。これらの強みを生かせない分野で「とりあえずExcel」というのは、保守に苦しむドキュメントを量産するだけです。

1.3.2

PowerPointなら問題は解決？

近年多く見られるドキュメント作成の流儀として、「すべからくPowerPoint」というものもあります。基本となるフォントサイズは9pt、段落前マージンは0.1行、1ページにテキストと表と図を詰め込み、密度の濃い1枚をきっちり仕上げるエンジニアは、決して珍しい存在ではありません。

筆者はこの方法を否定するつもりはありませんが、メンテナンス性には難があると考えています。PowerPointは良くも悪くも個々の1枚のスライド単位にドキュメントを仕上げるので、記述すべき内容に変更が発生した場合、1枚の中の構成を再度練り直さなければならないためです。通常のプレゼンテーション向けスライドのように1枚1枚の内容が緩い構成であれば、1枚のスライドを複数枚に分割するだけでもよいかもしれません。しかし冒頭に示したように1枚の内容が濃い場合、すっきりと分割できないケースも

※1 Excel方眼紙のもうひとつの欠点として、方眼紙内に表を埋め込む際、見栄えの観点からセルを結合せざるを得ない点が挙げられます。このような表に対してはソートが行えませんし、フィルタの使い勝手も大幅に悪化します。Excel最大の強みを、自ら殺してしまっているわけです。

多々あります。

PowerPointは本来プレゼンテーション向けのスライドを作成するツールですから、ドキュメントとしてのメンテナンス性は決して高くありません[※2]。Excelで行えるセル参照のように他の場所で記述した内容を再利用する手段がありませんし、全体を俯瞰する目次を手で作成しなければならないのも地味に面倒です。

社内で稟議を通すために使うシステム化の目論見書といった「ワンショットの勝負ドキュメント」や、フロー図のように「そもそも各トピックが1枚のスライドに収まることが前提」の資料であればよいでしょうが、頻繁に変更が入る恐れの高いドキュメントをPowerPointで作成するのは、大きなリスクだと筆者は考えています。

1.3.3

「後から変更されるかもしれない」からこそのWord

筆者は、テキストだけでは表現できない内容を何らかの形でドキュメント化する場合、まずWordを第一候補として考えます。それは、Wordで書いたドキュメントは「思いついたままに書けばよく」、「メンテナンス性も高い」からです。

ExcelやPowerPointとは違い、Wordであれば頭からガンガン書いていってかまいません。レイアウトはWordが勝手にやってくれます。図があふれれば次のページに送られます（送らないようにすることもできます！）し、

※2　以前のPowerPointでは複数のスライドをグループ化できなかったため、スライド枚数が多いファイルではドキュメント構成の変更も大変でした。PowerPoint 2010以降ではセクションを使ってスライドをグループ化できるので、この負担はかなり軽減されています。

表があふれれば次のページにまたがって配置されます[※3]。そして事前にドキュメントを構成する個々の要素の外観を「スタイル」として定義しておけば、見栄えの統一さえすべてWordが行ってくれます。

これは決して「何も考えずに思いついたまま書く」ことを推奨しているわけではありません。Wordで書く場合でも、ドキュメントの構成はあらかじめ検討しておく必要があるのは当然のことです。そしてWordは、このように事前に構成を練るための仕組みとして「アウトライナ」の機能も用意しています（詳細は第7章で説明します）。

しかも他のツールと比べ、Wordでは構成の変更が圧倒的に容易です。章や節の組み替えは簡単に行えますし、組み替えた結果として番号を振り直す必要もありません。このような特性は、ドキュメントのメンテナンス性を飛躍的に向上させます。きちんと設計されたWordドキュメントなら、後からの内容の追加や削除は、レイアウトのことを一切考えずに行えるのです。

1.4 ワードプロセッサ再考

エンジニアであれば、少なくとも一度はWordに代表されるワードプロセッサ（ワープロ）を使ったことがあるはずです。しかし、いざ「ワープロ」の定義を問われると、答えに詰まってしまう方も多いのではないでしょうか。

※3 この「図や表が勝手に送られる」ことを「Wordの使い勝手の悪さ」（ページが不格好に開いてしまう）だとして、Wordを嫌う人がいるのも事実です。しかし、これはWordだけの問題ではありません。「ページ」という物理的なサイズが決まっている以上、そこに盛り込む情報量の増減によって、この問題は常に発生します。常時メンテナンスが求められる開発の現場のドキュメントにおいて、「ページあふれを防ぐ」ことを最重要課題とするのはかなりの負担となるはずです。

ワープロを端的に表現すれば「テキストの入力、編集、フォーマットを行い、最終的にドキュメントを生成するためのツール」となります。しかし、ここではもう少し思い切った定義をしてみましょう。筆者が考えるワープロの定義とは、次のようなものです。

「表に出して恥ずかしくないドキュメントを作成するために、人間が行わなければならない作業負荷を軽減するためのツール」

1.4.1

ワープロが持つ機能

ドキュメントを効率的に作成できるよう、ワープロは以下のような機能を備えています。これらをすべてテキストエディタやExcel方眼紙で実現するのは、不可能ではないにせよ、簡単ではありません。

▸▸文字の装飾

すべてが同じフォントで組まれたドキュメントはメリハリがなく、読みにくいものです。見出しや重要語句は、当然ながら読者の目を引くようにしなければなりません。

▸▸レディング（行間の設定）

行が詰まった、あるいは間延びした文書もまた、ドキュメントを読みにくくさせます。使われているフォントのサイズも意識した上で、読みやすい行間を取る必要があるでしょう。

▸▸ヘッダーとフッター

ヘッダーとフッターは、読み手に対してさまざまな情報を提供します。ですから含める内容はもちろん、ドキュメント中の場所に合わせて必要な情報が提供できていなければなりません。

▸▸目次や索引の自動作成

目次や索引は、複雑なドキュメントの案内役となるものです。10ページを超える文書には、常に目次が必要です。もちろん、最新の状態が維持されない目次や索引に意味がないということは、改めて言うまでもありません。

▸▸脚注

補足説明はどのようにしてドキュメント中に盛り込みますか？　脚注が使えれば本文はすっきりし、かつ邪魔にならない形で必要な情報を読者に伝えられるでしょう。

▸▸図や表の作成

「百聞は一見に如かず」という言葉がある通り、効率的な情報伝達には視覚表現が欠かせません。また、情報を整理して伝えるためには、表という表現方法はなくてはならないものです。複雑なものならいざ知らず、簡単な図表でさえ外部で作成したものを取り込まなければならないのでは話になりません。

▸▸自動的な番号付け

まだ手で章番号を振っているのですか？　コンピュータにできることは、コンピュータにやらせるべきです。

▸▸文書内／外に対する相互参照

ドキュメント内にひとたび「詳しくは第6章を参照」と書いたのなら、仮に参照先の章番号が変わったとしても、それは自動的に追従しなければなりません。第6章を参照したらまるで関係ない内容が書かれていた……こんなとき、読者は平常心を保てると思いますか？

▸▸文章校正

スペルミスは恥ずかしいことです。「サーバ」と「サーバー」が混在するのは、作成者の怠慢です。適切な文章校正機能を備えたソフトウェアであれば、少なくともこういったケアレスミスの大部分を捕捉してくれます。

▸▸基本的なページレイアウト機能

見栄えのよいドキュメントを作成するなら、最低限のページレイアウト機能は必要欠くべからざるものです。

▸▸アウトライン・プロセッシング

ドキュメントを作成する上で、アウトライン・プロセッシング機能は極めて有用です。大きなレベルでの構造の決定や、構造の手早い再編成を行うには、適切なアウトライナ（アウトライン・プロセッサ）が欠かせません。

▸▸スタイル

どうして見栄えが狂うのか？　それは書式をその場の思いつきで設定しているからです。スタイルを使えば、ドキュメント全体で簡単かつ確実に見栄えを統一できます。

では、なぜワープロとしてWordを選ぶのでしょうか。それは、Wordが現在最も普及し、かつ上記を高いレベルで実現可能な存在だからです。大多数の開発者のPCではWordが使えるはずですし、開発者がコミュニケーションを取る相手の手元にもWord（または、その互換品）があることが期待できます。「Wordドキュメントを読み書きできない」という状況では、おそらくPowerPointもExcelも使えないでしょう。そしてWordドキュメントなら、ある日突然使えなくなるということもないはずです。なにしろ、Wordは20年以上も前から広く使われているのですから。

1.4.2

ワープロにおける「やってはいけない」

さて、いざワープロを使ってドキュメントを作成……と意気込んでみても、ワープロの設計思想を理解していなければ、ワープロは「文字装飾ができるだけの重たいテキストエディタ」にしか思えないことでしょう。それではワープロのメリットは得られません。少なくとも以下のような考え方は、ワープロを使う際には頭から消しておいてください。

▸▸「段落」という考え方を理解しない

エディタは「文字」や「行」を指向したソフトウェアですが、（特に欧米産の）ワープロは「**段落指向**」のソフトウェアです。段落とは表示上の「行」ではなく、**一つの改行文字までの文字の連続**を指します。ワープロにおけるドキュメントの構成単位は文字や行ではなく段落ですから、段落という考え方に慣れていないと後で痛い目にあいます。

▸▸改行を「行の区切り」として認識する

ワープロでの改行文字は行ではなく、段落の区切りとして扱われます。Enter キーをたたく場合、それが確かに段落の区切りであるかどうか（段落として意味を持つ文章であるかどうか）を確認してください。

どうしても強制的な改行が必要な場合（HTMLのbr要素に相当します）は、Shift + Enter によって「任意指定の改行」を入れます（図1.3）。段落の区切りを示す「段落記号」は曲がった矢印で表現されますが、任意指定の改行を示す記号は真っすぐな矢印として表現されます。任意指定の改行で区切られた2行は、同じ段落として扱われます。

■図 1.3　「段落記号」と「任意指定の改行記号」の違い

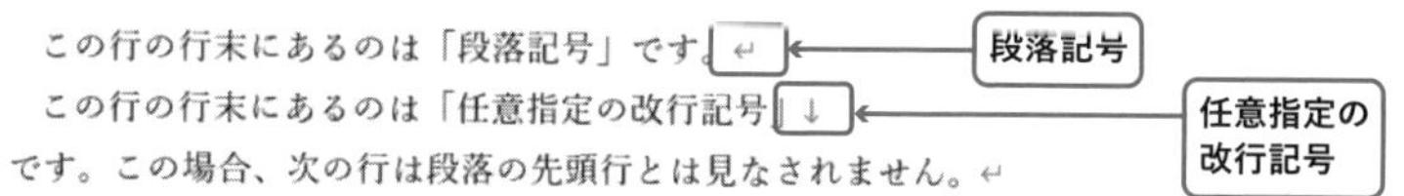

▸▸段落の先頭に1文字の全角空白を入れる

学校の授業では「段落の先頭には空白を1文字入れましょう」と習いましたが、ワープロを利用するときはこの常識を捨ててください。段落の字下げは、「**字下げ**」機能を使って行うべきものです。図1.3の先頭2行の字下げは全角空白ではなく、段落に対する字下げを利用して実現しています。

▸▸スペースでドキュメントの整形を行う

等幅フォントが主のテキストエディタとは異なり、ワープロでは一般的にプロポーショナルフォントを利用します。このような環境では、スペースで文字を揃えるといった効果は最初から期待できません（図1.4）。マージンやインデントの設定は対応するワープロの機能で、段落中の特定の文字の位置揃えにはタブを利用してください。スペースでは文字が揃わないからと、利用するフォントを等幅フォントに変更するというのは愚の骨頂です。

■図 1.4　文字の位置揃えにはタブを利用する

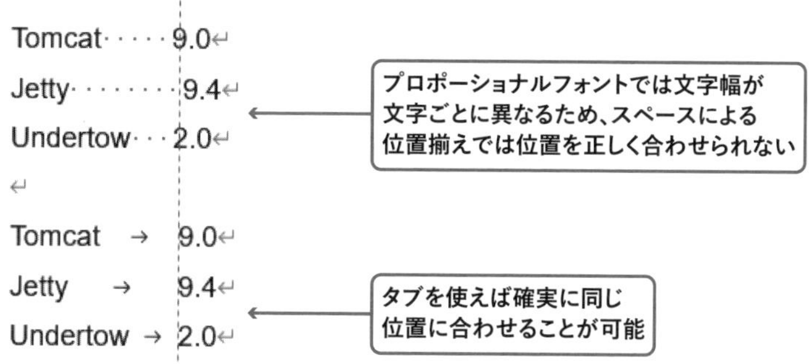

▸▸箇条書きを実現するために手で「・」を打つ

ワープロでは、段落（行ではありません）ごとにさまざまな装飾を施すことが可能です。箇条書きを示すために使う「・」のような行頭文字も、装飾の一環として付与されるべきものです（HTMLのul要素を想像してみてください）。

テキストしか使えないテキストエディタの気分で「・」のような行頭文字を手で付与すると、ドキュメント全体での行頭文字の統一が困難になるばかりでなく、ぶら下げ（図1.5）の実現も手で行うことになってしまいます。

■図 1.5　手で行頭文字を入力すると、ぶら下げ処理が行われずに不格好な外観となる

• → Wordが推奨する箇条書き機能を利用すれば、継続行の↓
　　開始位置を常に行頭文字に合わせて揃えられます（ぶら下げ）。↵

↵
・手で行頭文字を付与して箇条書きのように見せかけるような↓
対応では、継続行の開始位置がうまく揃いません。↵
↵
・手でこのように全角のスペースを入れて位置を揃えるような、↓
□不恰好な対応を取らざるを得なくなります。もちろん、変更が入れば↓
□Excel方眼紙同様の「手で行送り」地獄が発生します。↵

▸▸手で連番を打つ

箇条書きや見出しの先頭に付ける番号を手で打つのは、メンテナンス地獄の第一歩です。いくら気をつけていても、番号のズレや抜けは必ず発生します。テキストしか使えないテキストエディタとは違い、ワープロには連番を付与する機能が用意されているのですから、使わない手はありません。

第2章

これだけはやっておきたいWordの初期設定

筆者の主観かもしれませんが、IDEやテキストエディタはバリバリにカスタマイズしているにもかかわらず、Wordは初期状態のまま使っている人が多いようです。Wordは「素人でも使えるツール」だと見下されているのかもしれません。しかし初期状態のWordは決して使い勝手がよいとは言えませんから、最低でも本章で説明する設定変更は行っておくべきです。

2.1 初期設定の勘所

「使いにくい」「よくわからない動きをする」……残念なことに、多くの人にとってのWordの第一印象はこうなのではないでしょうか。Word自身が長い年月をかけて極端に複雑化したソフトウェアであることもその原因の一つですが、それ以上に大きな理由は、Wordの初期設定が我々の直感的な期待を妨げている点にあります。ですからWordを使う前には、少なくとも本章で挙げた設定内容は確認して、意図通りにWordを動かせるようにしておきましょう。

Wordの初期設定は、リボンにある［ファイル］タブの［オプション］から開かれる［Wordのオプション］ダイアログから行います（図2.1）。以下ではこのダイアログの左側に示される分類ごとに説明しますが、［文章校正］は大きなテーマとなりますので、後ほど別途説明します。

■図 2.1 ［Word のオプション］ダイアログ（ここでは［全般］を選択中）

Word のオプション ? ×

全般
表示
文章校正
保存
文字体裁
言語
簡単操作
詳細設定
リボンのユーザー設定
クイック アクセス ツール バー
アドイン
トラスト センター

Word の基本オプションを設定します。

ユーザー インターフェイスのオプション

複数ディスプレイを使用する場合:
◉ 表示を優先した最適化(A)
○ 互換性に対応した最適化 (アプリケーションの再起動が必要)(C)
☐ 選択時にミニ ツール バーを表示する(M)
☑ リアルタイムのプレビュー表示機能を有効にする(L)
☑ ドラッグ中も文書の内容を更新する(D)
☐ リボンを自動的に折りたたむ(N)
☑ 既定で Microsoft Search ボックスを折りたたむ
ヒントのスタイル(R): ヒントに機能の説明を表示する

Microsoft Office のユーザー設定

ユーザー名(U):
頭文字(I):
☐ Office へのサインイン状態にかかわらず、常にこれらの設定を使用する(A)
Office の背景(B): 回路
Office テーマ(T): カラフル

プライバシー設定

プライバシー設定...

LinkedIn 機能

Office の LinkedIn 機能を使用して、専門家のネットワークとつながり、業界の最新情報を手に入れましょう。
☐ 自分の Office アプリケーションの LinkedIn 機能を有効にします

OK キャンセル

2.1.1

［全般］

［ユーザーインターフェイスのオプション］で［選択時にミニツールバーを表示する］をオフにしてください。Wordはテキストの選択後に書式設定用のミニツールバー（図2.2）を表示しますが、スタイル中心でドキュメントを作成する場合、これを使って個別に書式を設定することはありません。

また、現在のWordはヘルプやドキュメントを統合的に検索可能なMicrosoft Searchボックスをタイトルバーに配置していますが、これは常時開かれたままになっています[※1]。タイトルバーはファイル名を表示する大切な領域なので、このボックスに居座られるのは気持ちがいいものではありま

※1 Microsoft SearchボックスはMicrosoft 365の機能です。そのため、それ以外のバージョンでは表示されません。

せん。［既定でMicrosoft Searchボックスを折りたたむ］をオンにすればこのボックスをアイコン化して、タイトルバーをすっきりさせられます。

■図 2.2　ミニツールバー

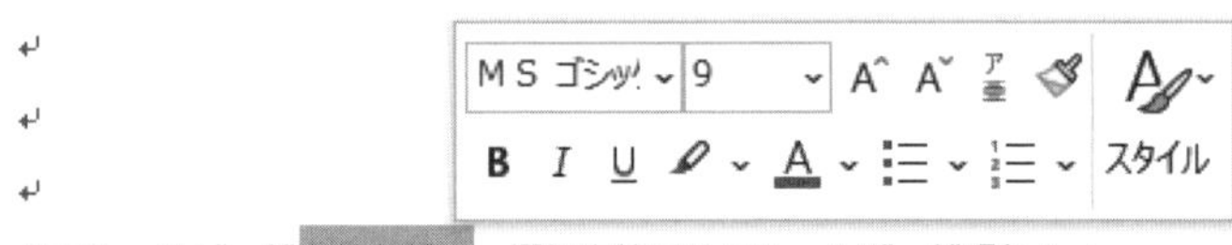

2.1.2

［表示］

■図 2.3　［表示］の設定項目

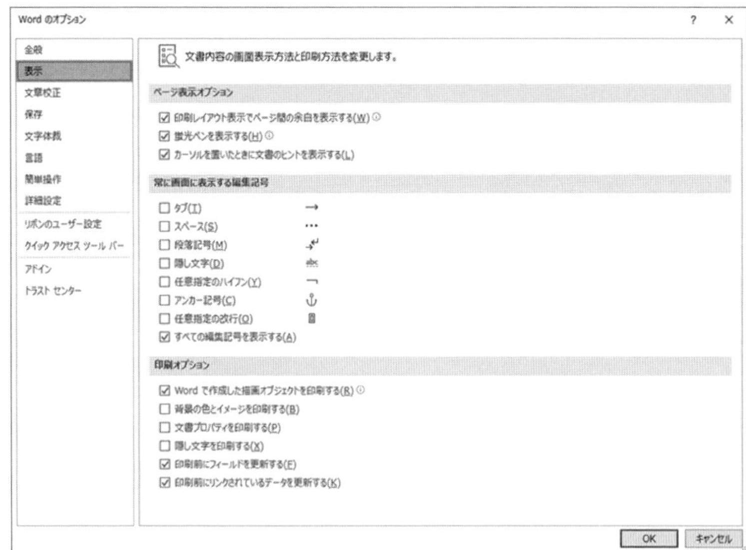

［表示］では画面表示と印刷の方法を制御できます。グループ単位に説明します（図2.3）。

▸▸ページ表示オプション

ヘッダーやフッターを表示するため、［印刷レイアウト表示でページ間の余白を表示する］をオンにします。また、蛍光ペン（コラム参照）を利用する場合は［蛍光ペンを表示する］をオンにしておきましょう。

COLUMN

Word の蛍光ペン機能

Word の蛍光ペンは、文字列をマークして目立たせる機能です。ドキュメントのレビューや、長文の読解時に特に効果を発揮します。

［ホーム］タブの［フォント］の［蛍光ペンの色］（図 2.4）で色を選択すると、カーソルの形がペン状に変わります。この状態で文字列をなぞれば、その部分が選択した色でマークされます。マークされた箇所は同じ色、あるいは「色なし」でなぞれば消せます（ドキュメント全体を選択して「色なし」を選択すれば、すべてのマークを一気に消すことができます）。

■図 2.4　［蛍光ペンの色］ボタンのアイコン（バージョンによって見た目が異なります）

Word 2019（Microsoft 365）でのアイコン 　　Word 2016 でのアイコン

▸▸常に画面に表示する編集記号

［すべての編集記号を表示する］のみをオンにしてください。これによってタブやスペース、隠し文字など、すべての編集記号が表示されます。スペースやタブが表示されていなければ、スペースやタブによるインデントが

行われていることを見抜けません。

▸▸印刷オプション

［隠し文字を印刷する］はオフにしてください。「隠し文字」はWordが持つ書式の一つで、この書式が設定された文字は存在するにもかかわらず、表示／印刷時には表れません。隠し文字を「画面上では表示する[※2]が、印刷時には表示しない」ように設定しておけば、内部的なメモや指示は組織内部で共有しつつ、外部に提供する印刷結果やPDF版[※3]にはそれらを残さないといったことが可能となります。もっとも、隠し文字は簡単に表示させることが可能なので、隠し文字で機密情報を記したWordファイルを外部に提供しないよう注意してください。

また、［印刷前にフィールドを更新する］および［印刷前にリンクされているデータを更新する］をオンにすると、文書内のすべてのフィールド（第4章参照）やリンク先のデータ（第7章参照）が印刷前に更新されます。フィールドの更新漏れを防ぐため、オンにすることをお薦めします。

2.1.3

［保存］

自動保存のタイミングや既定の保存場所を設定できますが、極めて重要な設定項目がまぎれ込んでいます。［キーボードショートカットを使ってファイルを開いたり保存したりするときにBackstageを表示しない］です。

現在のWordで、リボンの［ファイル］タブを選択した際に開かれるのは「Backstage」と呼ばれる特別なビューです。ここにはファイルそのものに

※2　［常に画面に表示する編集記号］で［すべての編集記号を表示する］をオンにしたことで、隠し文字は画面上には表示されるようになっています（29ページ参照）。
※3　現在のWordは［名前を付けて保存］からPDF形式で保存することが可能です。

関する処理がまとめられていますが、残念なことに Ctrl + O（ファイルを開く）や Ctrl + S（保存）といったショートカットキーからの操作でも、いちいちこのBackstageビューが開くようになりました。これはかなりうっとうしい挙動変更ですが、このオプションをオンにしておけば従来のWord同様、Ctrl + O や Ctrl + S でファイル選択ダイアログが直接開きます。

2.1.4

[詳細設定]

多種多様な設定が配置されています。注意すべきものに限って説明します。

▸▸編集オプション（図2.5）

■図 2.5 ［詳細設定］中の［編集オプション］の設定項目

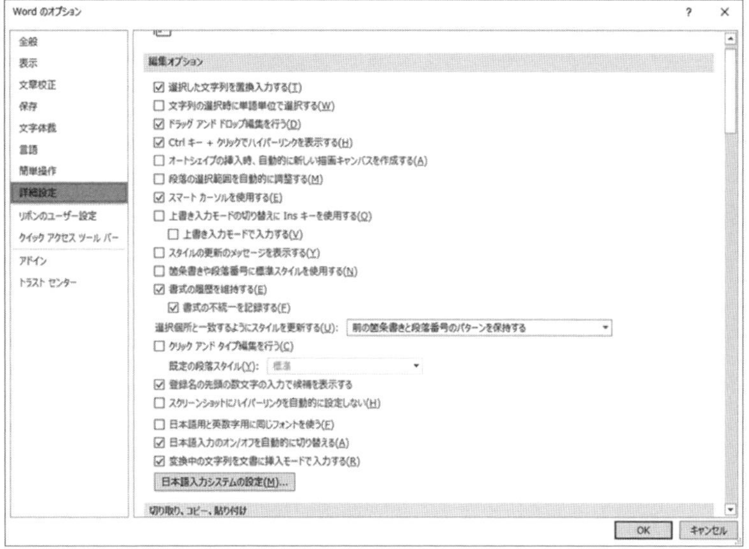

［オートシェイプの挿入時、自動的に新しい描画キャンバスを作成する］

これをオンにすると、オートシェイプの配置時に描画キャンバス（第6章参照）が自動的に配置されるようになります。しかしオートシェイプは単独で使いたい場合のほうが圧倒的に多く、かつ描画キャンバスは明示的に作成することも可能ですので、オフのままにしておいたほうがよいでしょう。

［段落の選択範囲を自動的に調整する］

オンにした場合、本文中で段落末までを選択すると、段落末尾の改行文字も自動的に選択対象に含むようになります。段落全体の選択を容易にするためにデフォルトでオンになっていますが、段落の部分的な編集時に邪魔になることが多いので、オフにすることをお薦めします。[※4]

［上書き入力モードの切り替えにInsキーを使用する］

オンにした場合、挿入（Ins または Insert）キーを押すと上書きモードに設定されてしまいます。挙動を知らないとあわてることになるので、オフにしておきましょう。

［スタイルの更新のメッセージを表示する］

これがオンの場合、スタイル適用済みの段落に同じスタイルを再適用した際、その段落の外観が変更されていれば変更結果をスタイル定義に反映するかどうかをたずねられます。ただ、誤ってスタイル定義を破壊する可能性が高いため、オフにしておいてください。編集領域上でスタイルを変更した後、その変更結果を明示的にスタイル定義に反映する方法については、第3章で別途説明します。

※4 Wordでは段落上でトリプルクリックすると、段落全体が常に選択されます。この場合は段落末尾の改行文字も自動的に含まれます。

[箇条書きや段落番号に標準スタイルを使用する]

箇条書き設定時にリスト段落スタイル（第3章で説明）を自動設定しないようにするためのオプションです。本書はリスト段落スタイルによる外観定義を推奨しているので、オフのままにしておいてください。

[書式の履歴を維持する]／[書式の不統一を記録する]

スタイルの異常を早期に発見するために必要ですので、どちらもオンにしてください。詳細は第3章で説明します。

[クリックアンドタイプ編集を行う]

編集領域中の空白部分をダブルクリックすると、即座にその部分から入力が行えるようになるという機能です。Wordでは「任意の空白部分にカーソルを移動して、そこからいきなり文字を入力する」といったことができません。クリックアンドタイプは、この問題を解消するために用意された機能です。

一見有用そうですが、これは段落に対してWordが勝手にインデントを設定する機能であり、スタイル中心のドキュメント作成とは決して相いれません。誤ってこの機能を使ってしまわないためにも、無条件にオフにすべきです。

[日本語用と英数字用に同じフォントを使う]

オンにすると、選択した文字列に日本語用のフォントを適用した際、選択範囲内の英数字にも同じ日本語用フォントが適用されます。スタイルを使っていればこのような処理を行うことはまずありませんが、日本語と英数字で異なるフォントを利用する場合は、安全のためにオフにすることをお薦めします。

▸▸切り取り、コピー、貼り付け（図2.6）

■図 2.6 ［詳細設定］中の［切り取り、コピー、貼り付け］の設定項目

［同じ文書内の貼り付け］／［文書間での貼り付け］など

ペースト時に、コピー元の書式を維持するかどうかを設定できます。

他のドキュメントからのペーストに際して［元の書式を保持（既定)］をオンにしていると、現在のドキュメントのスタイルとは異なる外観が持ち込まれてしまい、ドキュメント内での見栄えの統制が取れません。ここでは［同じ文書内の貼り付け］のみ［元の書式を保持（既定)］とし、他のオプションはすべて［テキストのみ保持］にするべきです。［コンテンツを貼り付けるときに［貼り付けオプション］ボタンを表示する］をオンにしておけばペースト時に貼り付けの方法を選べるので、他のドキュメントのスタイルを持ち込む必要がある場合はこの機能を利用すればよいでしょう。

［貼り付け時に自動調整する］

オンにすると、文字列を貼り付けたときに書式が自動的に調整されるようになります。［設定...］ボタンをクリックすると、さらに詳細なオプションを設定可能です。

このオプションは有用なケースもありますが、うっとうしく思える局面も多々あります。たとえば［文と単語の間隔を自動的に調整する］がオンの場合、英数字で記述されたテキストに別の英数文字列をペーストすると、ペーストした文字列の前後に自動的に空白が追加されてしまうなどです。オンにする際は詳細なオプションを個別に試しつつ、自分に合った設定を行うべきでしょう。

▸▸構成内容の表示（図2.7）

■図 2.7　［詳細設定］中の［構成内容の表示］の設定項目

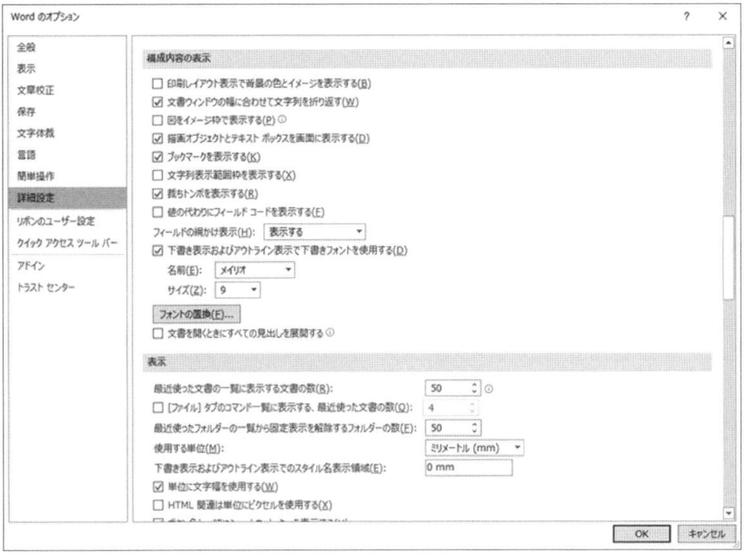

［文書ウィンドウの幅に合わせて文字列を折り返す］

第7章で紹介するアウトライン表示や、文章を高速に書くための下書き表示では、ページ幅に従って自動的に折り返しを行います。しかしウィンドウの幅と合わない場所で折り返しが行われるのはストレスのもとなので、これをオンにしておきましょう。こうするとウィンドウ幅に従った折り返しが行われます（印刷レイアウト表示ではこの設定は適用されません）。

［ブックマークを表示する］

ブックマークはWordの機能をフルに使うためには必須と言える機能です。ここは常にオンにしましょう。

［フィールドの網かけ表示］

常に［表示する］に設定してください。第4章で詳細に説明しますが、これを設定しないとフィールドを扱うことは困難です。

［下書き表示およびアウトライン表示で下書きフォントを使用する］

デフォルトでは、アウトライン表示や下書き表示でも実際に適用される文字書式（フォントやフォントサイズ）がそのまま使われます。しかしドキュメントの内容を考えている最中は、このような装飾は邪魔になりがちです。これをオンにした上でフォントを設定しておくと、アウトライン／下書きではそのフォントが利用されるようになります。

2.2 オートコレクトとオートフォーマット

Wordには入力ミスを自動的に検出・修正する「オートコレクト」と、書式を自動的に設定する「オートフォーマット」という機能が搭載されています。これらの機能はその意味や意図を理解して使うなら便利かもしれませんが、大抵はドキュメント作成者の意図とは異なる結果をもたらすでしょう。特に「オートフォーマット」はスタイルの利用にも悪影響を与えるため、有効にする場合は細心の注意が必要です。

これらの機能は、[Wordのオプション]の[文章校正]中にある[オートコレクトのオプション...]ボタンから開く[オートコレクト]ダイアログで設定できます。作成するドキュメントの特性を考えつつ、設定を進めてください。

2.2.1

オートコレクトの抑制

欧文ドキュメントであればメリットが大きいオートコレクトですが、日本語のドキュメントを作成する上ではむしろ邪魔になりがちです。我々が作成するドキュメントに登場する単語は、その大多数が略語やファイル名のような「勝手に変更されては困るもの」ばかりだからです。しかし無用な入力ミスを防ぐという観点からは、一部はオンのままにしておいたほうがよいのもまた事実です。

オートコレクトの設定は、[オートコレクト]ダイアログ中にある[オートコレクト]タブから行います。設定内容そのものは、おそらくチェックボックスの説明を見るだけでわかるでしょう（図2.8）。筆者は[2文字目を小文字にする]と[CapsLockキーの押し間違いを修正する]の2つは有用だと考えていますが、それ以外はすべて不要だと考えています。

[入力中に自動修正する]は、動的なスペルミスの修正（「mroe」を「more」に修正するなど）を行う機能です。最初からさまざまな修正ルールが用意されていますが、自分で新しくルールを追加することも可能です。タイプミス

が多い人には有効な機能ですが、「(tm)」を「™」にする、あるいは「: (」や「:-)」をスマイリーアイコンに変換するといった余分な「修正」は、必ず削除しておきましょう。タイプミスはスペルチェックでも検出可能ですから、日本語のドキュメントがメインの方であればオフにしたほうが安全です。システム名や商品名が偶然「タイプミス」として登録されていないとは限りませんから。

■図 2.8　筆者が推奨するオートコレクトの設定内容

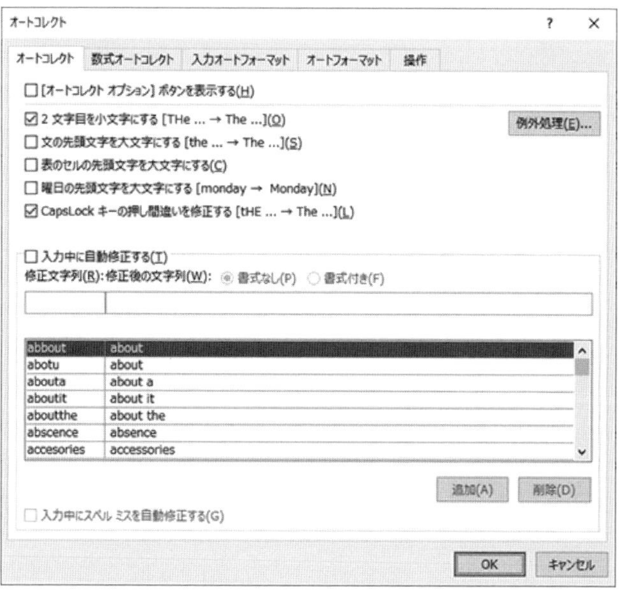

2.2.2

入力オートフォーマットの抑制

入力オートフォーマットは、大きく「入力内容の修正」(オートコレクトに近い）と「書式の自動設定」の2つに分類されます。前者は比較的有用ですが、後者はスタイル中心のドキュメントとは相性が悪いため、利用すべきではありません。

入力オートフォーマットの設定は、［オートコレクト］ダイアログ中の［入力オートフォーマット］タブから行います（図2.9）。ただ、このタブ内のチェックボックスの意味はお世辞にもわかりやすいとは言えませんので、以下で個別に説明します。

■図 2.9　筆者が推奨する入力オートフォーマットの設定内容

オートコレクト ? ×

オートコレクト　数式オートコレクト　入力オートフォーマット　オートフォーマット　操作

入力中に自動で変更する項目

- ☑ 左右の区別がない引用符を、区別がある引用符に変更する
- ☐ 序数 (1st, 2nd, 3rd, ...) を上付き文字に変更する
- ☐ 分数 (1/2, 1/4, 3/4) を分数文字 (組み文字) に変更する
- ☑ ハイフンをダッシュに変更する
- ☐ '*'、'_' で囲んだ文字列を '太字'、'斜体' に書式設定する
- ☑ 長音とダッシュを正しく使い分ける
- ☐ インターネットとネットワークのアドレスをハイパーリンクに変更する
- ☐ 行の始まりのスペースを字下げに変更する

入力中に自動で書式設定する項目

- ☐ 箇条書き (行頭文字)
- ☐ 箇条書き (段落番号)
- ☐ 罫線
- ☐ 表
- ☐ 既定の見出しスタイル
- ☐ 日付スタイル
- ☐ 結語のスタイル

入力中に自動で行う処理

- ☐ リストの始まりの書式を前のリストと同じにする
- ☐ Tab/Space/BackSpace キーでインデントとタブの設定を変更する
- ☐ 設定した書式を新規スタイルとして登録する
- ☑ かっこを正しく組み合わせる
- ☑ 日本語と英数字の間の不要なスペースを削除する
- ☐ '記' などに対応する '以上' を挿入する
- ☐ 頭語に対応する結語を挿入する

OK　キャンセル

▸▸入力中に自動で変更する項目

前述の「入力内容の修正」と「書式の自動設定」が混在しています。「入力内容の修正」は必要に応じてオンにすべきですが、「書式の自動設定」はオンにすべきではありません。

[左右の区別がない引用符を、区別がある引用符に変更する]

「'」で文字列をくくる際、「'」と「'」の組み合わせ（ダムクォート）を自動的に「‘」と「’」の組み合わせ（スマートクォート）に変換します。ダムクォートは見苦しいので、通常はオンにしておくべきです。

この設定はダブルクォートに対しても有効ですが、プログラムの断片として「"string"」のようなパターンを大量に記述するケースでは「"string"」も「“string”」に修正されてしまい、多少うっとうしいかもしれません（Word外部のプレーンテキストからコピー＆ペーストした結果にはオートフォーマットは行われませんので、この方法で逃げることは可能です）。

[序数（1st, 2nd, 3rd, ...）を上付き文字に変更する]

「1st」「2nd」のように、序数のアルファベット部分を上付き文字にします。欧文ではよく使われる組み方ですが、日本語のドキュメントで必要になるケースはまずありません。また、「st」や「nd」部分には「上付き」という文字飾りが自動的に設定されてしまいます。オフにするべきでしょう。

[分数（1/2, 1/4, 3/4）を分数文字（組み文字）に変更する]

「½」「¼」のように、分数を一文字で組みます。こちらも上記同様、オフにするべきです[※5]。

[ハイフンをダッシュに変更する]

スペースに続けて入力したハイフン、および2つ連続したハイフンをダッシュに変換します。必要に応じてオンにしてもよいでしょう。

['*'、'_'で囲んだ文字列を'太字'、'斜体'に書式設定する]

「*文字*」とすると「文字」部分が太字に、「_文字_」とすると「文字」

※5 欧文用の文字セットであるISO 8859-1には、0xBCから0xBEの間に「1/2」「1/4」「3/4」が1文字として含まれています。このような組み文字が用意されているのは、昔のタイプライタの鍵盤上にこれらの文字が存在したからです。

部分が斜体になるという機能です。スタイルを使う以上、この機能は決して使うべきではありません。

［長音とダッシュを正しく使い分ける］

前後の文字の種類に応じて、長音をダッシュに変換します。長音とダッシュの使い分けが正しく行われていないドキュメントは見苦しいので、無条件にオンにしておくべきです。

［インターネットとネットワークのアドレスをハイパーリンクに変更する］

メールアドレスやURLが自動的にハイパーリンクに変換されます。内部的には、以下の2つの処理が行われています。

①フィールドHyperlinkが挿入され、当該メールアドレスやURLがその引数となる（フィールドHyperlinkは、Ctrl＋クリックでWebブラウザやメーラーを起動させるというWordの機能）

②当該メールアドレスやURLに、文字スタイル「ハイパーリンク」が適用される

この機能をオンにするかどうかは、「Hyperlink」フィールドおよび「ハイパーリンク」スタイルに意味を見出すかにかかっています。これらに意味を見出すのであればオンにしてもかまいません。ドキュメント中にいきなり色付き＋下線付きの文字列が登場するのでうっとうしく思えるかもしれませんが、「ハイパーリンク」スタイルをカスタマイズすれば目立たない色に変更できます。「Hyperlink」フィールドは有用だが文字装飾は不要という場合、「ハイパーリンク」スタイルの定義を修正して装飾を除去すればよいでしょう。

[行の始まりのスペースを字下げに変更する]

段落の先頭にスペースやタブを入力しておくと、改行した時点でその段落が字下げされるようになります。しかし段落の字下げはスタイルとして事前に定義しておくべきものであり、このようなやり方で行うことは感心できません。オフにするべきです。

▸▸入力中に自動で書式設定する項目

「書式の自動設定」を行う機能ですので、すべてオフとするべきです。

[箇条書き（行頭文字）]

「*」「>」「-」のようにWordが行頭文字として認識する文字で段落を始めると、その段落に対して入力した文字が箇条書きの行頭文字として自動的に付与されます。

[箇条書き（段落番号）]

数字／アルファベット／カナなどにピリオドおよびスペースを続けた状態で段落を始めると、その段落に対して入力した内容が箇条書きの段落番号として自動的に付与されます。

[罫線]

「-」「_」「=」などを3文字以上連続で入力した直後に Enter をたたくと、自動的に罫線が挿入されます。

[表]

「+=+=+」のように「+」と「=」を交互に入力した直後に Enter をたたくと、自動的に表が作成されます（「+=+」が一つの列に対応します）。

[既定の見出しスタイル]

空行に続けて意味のある行を入力し、 Enter を2回たたくと「見出し1」

スタイルが自動的に適用されるという機能です（ドキュメントの先頭行では空行は不要）。先頭にタブを1つ置くと「見出し2」に、タブを2つ置くと「見出し3」になります。

［日付スタイル］

「2020/1/17」のような日付と認識されうる文字列に対して、「日付」スタイルが自動的に設定されます。

［結語のスタイル］

「敬具」「草々」のような結語に、「結語」スタイルが自動的に設定されます。

▸▸入力中に自動で行う処理

「入力内容の修正」と「書式の自動設定」が混在しています。「入力内容の修正」はオンにしてもかまいませんが、「書式の自動設定」に相当する機能をオンにすべきではありません。

［リストの始まりの書式を前のリストと同じにする］

行頭文字や段落番号が付与された段落で先頭部分の文字スタイルを変更していた場合、改行すると続く段落にも同じ文字スタイルが利用されるようになります。

［Tab ／ Space ／ BackSpace キーでインデントとタブの設定を変更する］

すでに存在する段落に対して、次のような複雑な整形処理を行います。スタイルとの相性が極めて悪いので、このような整形を行う目的では利用すべきではありません。

・段落の先頭でスペース／タブを入力すると字下げが行われる
・2行目でスペースを入力するとぶら下げが行われる
・2行目以降でタブ、あるいは3行目以降でスペースを入力すると、段落全体がインデントされる
・段落に箇条書きの行頭文字や段落番号が設定されていた場合、Tab／Back space で箇条書きのレベルが変更される

これをオフにすると、リストや箇条書きのレベル変更（第3章参照）をTabおよびShift+Tabで行えなくなりますが、レベルの変更はAlt+Shift+→／Alt+Shift+←でも行えます。もちろん、上記のような整形が行われることを承知の上であれば、レベル変更を簡単に行うためにオンのままにしてもよいでしょう。また、第5章で説明する「文書の保護」を利用する場合、この設定をオンにする必要があります。

[設定した書式を新規スタイルとして登録する]
手動で設定した書式が組み込みのスタイルと一致した場合、そのテキストにそのスタイルが適用されます。

[かっこを正しく組み合わせる]
かっこの対を正しく対応させます。これによって「<}」のような入力が、「<>」のように正しく対応が取れた状態に変換されます。通常はオンにしておくべきですが、「『(』と『)』でくくられた文字列は……」といった文章を入力する場合は、若干面倒かもしれません。

[日本語と英数字の間の不要なスペースを削除する]
日本語の文字と英数字の間に置かれたスペースを自動的に削除します。Wordは自動的に日本語文字と英数字間の間隔調整を行いますから、このよ

うなスペースは削除すべきです。オンにしたほうがよいでしょう。

['記'などに対応する'以上'を挿入する] ／ [頭語に対応する結語を挿入する]

読んでそのままの機能です。筆者は使ったことさえありません。

COLUMN

「一括オートフォーマット」と「入力オートフォーマット」の違いとは？

[オートコレクト]ダイアログには前述の[入力オートフォーマット]タブに加えて、[オートフォーマット]というタブも存在します。後者は［オートフォーマットを今すぐ実行］ボタン（このボタンはリボン上にはないため、明示的にクイックアクセスツールバーに追加する必要があります。クイックアクセスツールバーについての説明は51ページを参照してください）を利用した場合にのみ使われる設定ですので、この機能を利用しない場合は気にする必要はありません。

2.3 スペルチェックと文章校正の使い方

よりよい文書を作成するために、Wordは「スペルチェック」と「文章校正」の2つの機能を用意しています。デフォルトのWordでは、これらはバックグラウンドで自動的に行われます。スペルミスや表記の揺れなどを発見すると、Wordはその部分に赤の破線や青の二重下線を引いて、ユーザーに注意を促します（図2.10）。

これらの一見「おせっかい」な機能をうっとうしく思う人は少なくありません。しかしスペルミスや送り仮名の誤用が恥ずかしいことである以上、これらの警告には真摯に耳を傾けるべきです。「サーバ」と「サーバー」が混在しているようなドキュメントは見苦しい上、ドキュメントの作成者が言葉を大切に扱っていないことを露骨に示してしまいます。ささいなことかもしれませんが、それによって失われるものの大きさは計り知れません。

■図 2.10　スペルチェックと文章校正の結果

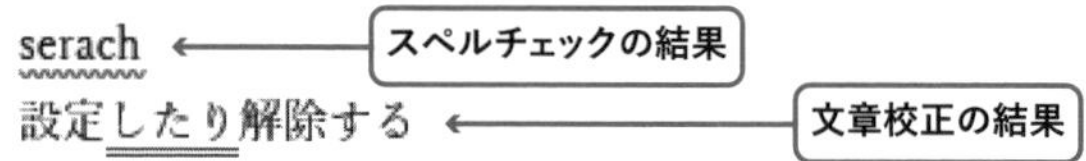

2.3.1

文章校正のカスタマイズ

文章校正で「どこまでをチェック対象とするか」のレベルは、作成するドキュメントに応じてカスタマイズしてください。通常のドキュメントでは多少緩めの設定にしたとしても、顧客に提示するようなドキュメントの場合は、より高いレベルに合わせて確認したほうがよいでしょう。

レベルの設定は、［Wordのオプション］ダイアログにある［文章校正］の［Wordのスペルチェックと文章校正］の中にある［文書のスタイル］から行います。どのようなチェックが行われるかを知りたければ、［設定...］ボタンを押して規則の内容を見てください（図2.11）。必要であれば、適用する規則をカスタマイズしてもよいでしょう。カスタマイズした内容を頻繁に利用するのであれば、ドロップダウンリスト内にある「ユーザー設定1」～「ユーザー設定3」にその設定内容を保存しておくこともできます。

■図 2.11　[文章校正の詳細設定] ダイアログ

COLUMN

文章校正の設定時は言語に注意

　文章校正の設定対象となる言語は、設定時点でカーソルが置かれている箇所の言語によって決まります。日本語用の設定を行うのであれば、カーソルを日本語の文字の上に置いた状態で行ってください。アルファベット上にカーソルがあると、英語用の設定しか行えません。

2.3.2

文章校正でドキュメントの品質を上げる

開発の現場で作成されているドキュメントには、以下のような「残念な」表記があふれ返っています。これらはすべて［文章校正の詳細設定］ダイアログから文章校正の規則をカスタマイズすることで排除できますから、ぜひ有効に使いましょう。

［表記の揺れ］

「メンバー」と「メンバ」のような表記の揺れは、ドキュメントの読み手をイライラさせます。［表記の揺れ］を正しく設定することで、これらの大部分は検出可能です（表2.1）。

■表 2.1　表記揺れチェックの規則

設定対象	検出可能な不統一
カタカナ	「サーバ」と「サーバー」のような、よく似たカタカナ語の不統一
送り仮名	「受け付ける」と「受付ける」のような、送り仮名の不統一
漢字／仮名	「揺れる」と「ゆれる」のような、漢字表記と仮名表記の不統一
数字	「25歳」と「二十五歳」のような、数字表記の不統一
全角／半角	「Ｗｏｒｄ」と「Word」のような、同一単語に対する全角／半角の不統一

［文体］

「です・ます」調と「だ・である」調の混在が悪であることは、小学生でさえ知っています。［表記の基準］にある［文体］で「です・ます」調と「だ・である」調を選択することによって、文末の文体を統一することが可能となります。

［カタカナ設定］／［英文字設定］

いわゆる「半角カタカナ」や「全角英数字」を嫌う人は、決して少なくありません。特に、何の根拠もなく全角と半角が無秩序に混在しているドキュメントは、見栄えという観点からも決してほめられるものではありません。［表記の基準］にある［カタカナ設定］は「全角に統一」、［英文字設定］は「半角に統一」に設定することで、半角カタカナや全角英数字といった悪癖を絶つことができます。

2.3.3

スペルチェックの賢い利用方法

日本語のドキュメントに英単語が登場することはあまり多くありません。また、登場するのはファイル名や変数名のように、そもそも正しい英単語ではないというケースがほとんどです。このようなドキュメントでスペルチェックを有効にすると、ドキュメント中に赤い波線があふれ返ることになります。

では、スペルチェックは邪魔なものでしかないのでしょうか？　そうとも言い切れません。筆者はこれまで嫌というほど、「applicatoin」や「serach」といったスペルミスを目にしてきました。これらを排除できるのは、やはりスペルチェックしかないのです。

スペルチェックをより有用なものとする手段の一つは、よく登場する単語をスペルチェック用の辞書に登録しておくことです。たとえば、いくつかのプログラミング言語で利用されるキーワード「elif」を辞書に登録しておけば、Wordは文句を言いません。さらに、「eilf」といったスペルミスを検出することも可能となります。辞書への登録は、スペルミスと検出された単語の上で右クリックして［辞書に追加］を選ぶことで行えます。また、［Wordのオプション］ダイアログの［文章校正］にある［ユーザー辞書...］

経由で表示可能な［ユーザー辞書］ダイアログ（図2.12）で、［単語の一覧を編集...］から登録することも可能です。

Wordはデフォルトの辞書ファイルとして「RoamingCustom.dic」を用意しています。しかし、ここに何でもかんでも詰め込んでしまうのも考えものです。あまりにもたくさんの単語をすべて単一の辞書に詰め込んでしまうと、「本当にスペルミスであるものもスペルミスとして検出されなくなってしまう」という弊害を起こすからです。

筆者のお薦めは、目的に応じた辞書を複数作成して、局面ごとに使い分けることです。辞書は［ユーザー辞書］ダイアログの［新規作成...］から新しく作成できますし、既存の辞書は［追加...］から追加できます。そして作成するドキュメントの種類に応じて［辞書の一覧］でチェックのオン／オフを切り替えることにより、必要な辞書のみを使ったスペルチェックを行うわけです。

新規に辞書を作成すると言っても、［ユーザー辞書］ダイアログから一つ一つ単語を登録していく必要はありません。もし対象としたい単語の一覧がすでにあるのなら、テキストエディタで辞書を作ってしまいましょう。ユーザー辞書ファイルとは単に「1行に単語を一つだけ記述したテキストファイル」に過ぎませんから、正しいスペルであると認識させたい単語の一覧を列挙したテキストファイルを作成すれば、それがユーザー辞書になります。

なお、ユーザー辞書のエンコーディングはUTF-16LEである必要があります。手軽に行いたければ、メモ帳（notepad.exe）を使ってユーザー辞書を作成し、保存形式として「UTF-16 LE」を指定してから保存してください。

■図 2.12　［ユーザー辞書］ダイアログ。右側のボタンを有効にするには、一覧から辞書を選択する必要がある点に注意

2.4 最大の編集領域を確保する

いかなるソフトウェアでも、メインとなる作業領域が広ければ広いほど、生産性は高くなります。大昔のVGAサイズ（640×480）の画面でしか仕事ができないとしたら、自分の持てる力はきっと発揮できないでしょう。

ですので、ウィンドウ最上部にあるリボンは常時最小化しておいてください。リボンが表示されなければ各種のボタンが利用できなくなりますが、これはウィンドウのタイトル領域にある「クイックアクセスツールバー」にボタンを配置することで補います。クイックアクセスツールバーに配置可能なボタンの数はたかが知れていますが、よく使う機能はショートカットキーで代用できますし、リボン上にはめったに使わないボタンも配置されています。そんなに悩まなくとも、クイックアクセスツールバーに配置すべきボタンや機能はおのずと絞られます。

クイックアクセスツールバーへのボタンの配置は、［Wordのオプション］

の［クイックアクセスツールバー］から行います（図2.13）。ただ、この方法では大量のボタンの中から必要な機能を探さなければならず、かなり大変です。そこで覚えていただきたいのが、リボン上のボタンを右クリックして［クイックアクセスツールバーに追加］を選ぶというテクニックです（図2.14）。自分が必要とするボタンのみをこの方法で追加しておけば、リボンがなくとも大きな不都合は感じないはずです。また、表2.2にクイックアクセスツールバーに配置しておきたいボタンをまとめておきましたので、参考にしてください。

■図 2.13　クイックアクセスツールバーのカスタマイズ方法

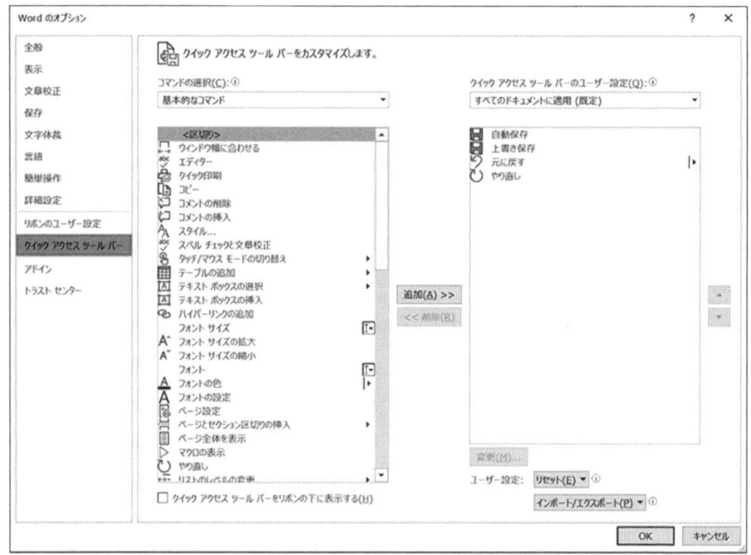

■図 2.14　ボタン（ここでは［相互参照］）を右クリックして［クイックアクセスツールバーに追加］を選ぶ

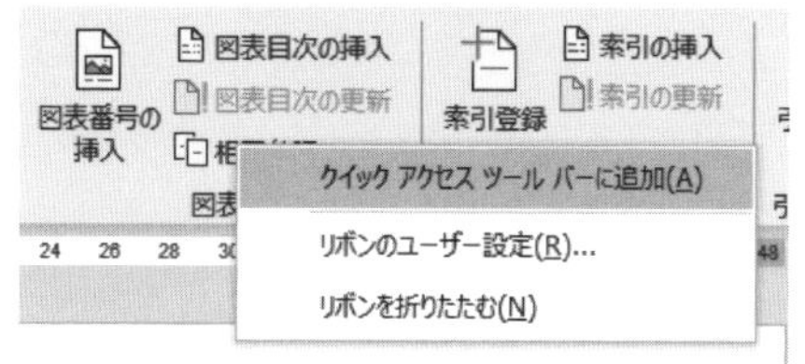

■表 2.2　クイックアクセスツールバーに追加しておきたいボタン（「コマンドの配置先」は［コマンドの選択］ドロップダウンリストに表れる名前）

コマンドの配置先	ページ	説明
［ファイル］タブ		
オプション	p.26	オプション画面を表示
［ホーム］タブ		
アウトライン	p.78	リストスタイルの作成/選択（［段落］→［アウトライン］）
スタイル...	p.58	スタイルウィンドウの表示（［スタイル］→［スタイル］（四角状の矢印））
［挿入］タブ		
コメントの挿入	–	校閲コメントの追加（［コメント］→［コメントの挿入］）
テーブルの追加	p.194	表の挿入（［表］→［表の追加］）
フィールドの挿入...	p.103	［テキスト］→［クイックパーツの表示］→［フィールドの挿入］
図形の作成	p.181	オートシェイプの挿入（［図］→［図形の作成］）
相互参照の挿入	p.119	相互参照の挿入（［リンク］→［相互参照の挿入］）
［レイアウト］タブ		
グリッドの設定...	p.184	［グリッドとガイド］ダイアログを開く（［配置］→［オブジェクトの配置］→［グリッドの設定］）
ページ設定	p.132	［ページ設定］ダイアログを開く（［ページ設定］→［ページ設定］（四角状の矢印））
ページとセクション区切りの挿入	p.156	ページ区切り/セクション区切りの挿入（［ページ設定］→［ページ/セクション区切りの挿入］）
［参考資料］タブ		
脚注	p.169	脚注の追加（［脚注］→［脚注の挿入］）
図表番号の挿入	p.117	図表番号の挿入（［図表］→［図表番号の挿入］）

[表ツール]	[レイアウト] タブ		
行の削除	–	現在カーソルがある行を削除（[行と列] → [表の削除] → [行の削除]）
左に列を挿入	–	現在カーソルがある列の左に列を追加（[行と列] → [左に列を挿入]）
上に行を挿入	–	現在カーソルがある行の上に行を追加（[行と列] → [上に行を挿入]）
列の削除	–	現在カーソルがある列を削除（[行と列] → [表の削除] → [列の削除]）
すべてのコマンド		
スタイルの管理	p.67	[スタイルの管理] ダイアログの表示
見出しマップ	p.230	見出しマップの表示

COLUMN

さらに表示領域を絞り出すには？

リボンを非表示にした上で、さらに縦方向の表示領域を稼ぎたい場合は、編集領域上部に存在するルーラーを消してください。スタイル設定の際にはルーラーを利用するかもしれませんが、いったんスタイルを定義してしまえば、それ以降は無用の長物と化すからです。ルーラーは、[表示] タブの [ルーラー] チェックボックスをオフにすることで消すことができます。

第3章

スタイルを理解することから始めよう

Wordを利用する上での肝、それが「スタイル」です。この機能を最大限に活用しなければ、Wordを使う意味はないと言ってもよいでしょう。

とはいえ、スタイルを使いこなすのは簡単ではありません。考え方そのものはシンプルなのですが、実際に使いこなす上ではさまざまな概念の理解が必要となるからです。本章ではスタイルという考え方と、Wordのスタイル定義に潜む癖や落とし穴について説明します。

3.1 Word文書はスタイルを使うことから始まる

ドキュメントの体裁維持を実現するために絶対に覚えていただきたいのが、ワープロの持つ「スタイル」という機能です。スタイルとは、**あらかじめ規定した文字や段落の書式設定（利用するフォントや段落のインデントなど）に名前を付けたもの**であり、テキストデータそのものとは独立して管理可能な存在です。

スタイルを意識したことがない読者は、HTMLにおけるCSSの存在を考えてみてください。HTMLではh1やpといった要素によってドキュメントを構成し、その上で各要素の外観を決定するためにCSSを利用します。CSSでは要素単位で外観を定義することもできますし、ある特定の要素にのみ特別な外観を与えることも可能です。仮に外観を変更しなければならなくなったとしても、HTMLそのものに修正を加える必要はありません。CSSの定義を変更しさえすれば、異なった外観を実現することができるからです。

ワープロのスタイルも考え方は同じです。テキスト中の特定の文字や段落にスタイルを適用すれば、スタイルに定義された書式設定に従ってテキストが表現されます。外観を変更したい場合は変更したい場所の書式を直接変更するのではなく、その場所に適用したスタイルの定義を変更することで対応します。

スタイルを使うことで得られる最大のメリットは、**ドキュメント中の各構造の外観を、常に同一に保つことができる**というところにあります。たとえば、見出しはゴシック体の太文字で記述し、見出しの前には常に1行分のマージンを取ると決めたとしましょう。この場合、「フォントはゴシック体の太文字、段落前のマージンは1行」という内容で「見出し」というスタイルを定義しておけば、見出しの内容を記述した後でこのスタイルを適用するだけで見出しが完成します。もしスタイルが使えなければ、まず見出しの内容を記述し、見出し全体を選択してフォントを変更し、さらに1行の空行を見出しの前に追加する……という作業を、すべての見出しに対して愚直に、かつ間違いなく繰り返さなければなりません。

また、仮に特定のテキストの書式が狂った（誤ったフォントを適用してしまった、段落のインデントがずれてしまった……）場合でも、元のスタイルを再適用するだけで規定の書式に戻すことができます。スタイルの定義を変更すれば、そのスタイルが適用された箇所すべての書式が同じように変更されますので、後からドキュメント全体の見栄えを変えることも容易です。

ドキュメント中には「見出し」「本文」「箇条書き」などさまざまな文書構造が登場しますが、文書構造ごとにスタイルを定義しておけば、それらの書式は常に同じものとなります。スタイルだけを使って作業を行えば、ドキュメント中で書式が統一されていないといった事態は決して発生しません。

3.1.1

スタイルを試してみよう

スタイルになじみがない読者のために、スタイルの実例を簡単に紹介しましょう。

まず、[ホーム] タブの [スタイル] 右下にある四角状の小さな矢印[※1]をクリックするか、Alt + Ctrl + Shift + S を押してください。すると [スタイル] というウィンドウが画面右端に開くはずです。ここから「見出し1」をクリックして、それからメインウィンドウで文字を入力してみましょう。通常の文字よりもやや大きなサイズで文字が入力されたと思います(図3.1)。この段落には「見出し1」スタイルが適用されているので、「見出し1」で定義された書式が利用されているのです。

ここで改行をタイプすると、[スタイル] ウィンドウでは「標準」が選ばれているはずです(後述しますが、これは「見出し1」の「次の段落のスタイル」のデフォルトとして「標準」が設定されているためです)。この状態でメインウィンドウに文字を入力すれば、通常通りのサイズで文字が入力されることでしょう。ここには「標準」スタイルが適用されているので、「標準」の書式が利用されています。

次に [スタイル] ウィンドウ上の「見出し1」の右端にある「▼」をクリックし、[変更...] を選択してください(図3.2)。[スタイルの変更] というダイアログが表示されたら、左下にある [書式] ボタンから [フォント...] を選択し、[スタイル] から [太字] を選びます。[OK] をクリックして最終的に [スタイルの変更] ダイアログを閉じると、先ほど「見出し1」を適用した段落の文字が太字に変更されていることがわかるでしょう。

これがスタイルの威力です。スタイルを適用するだけで、対象とした段落や文字の書式を設定することが可能なのです。しかも後からスタイルの定義を変えれば、そのスタイルを適用していた場所の書式がすべて変更されます。

とはいえ、スタイルを活用するには、スタイルに関する最低限の知識は必要です。まずはそこから説明しましょう。

※1 Officeのリボンインターフェイスでは、これを「ダイアログボックスランチャー」と呼びます。

■図 3.1　スタイル「見出し 1」を適用した結果

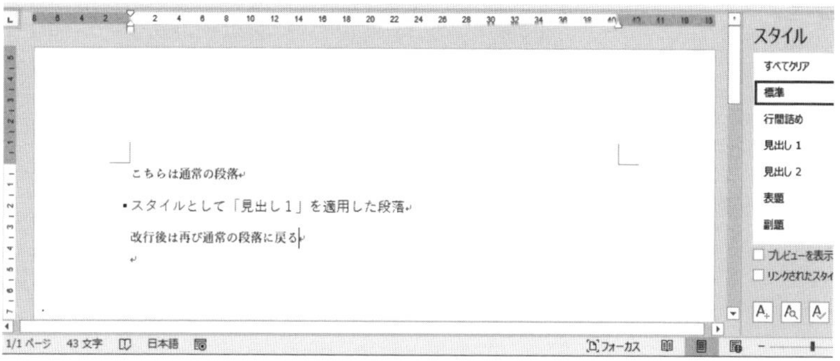

■図 3.2　スタイルの変更方法

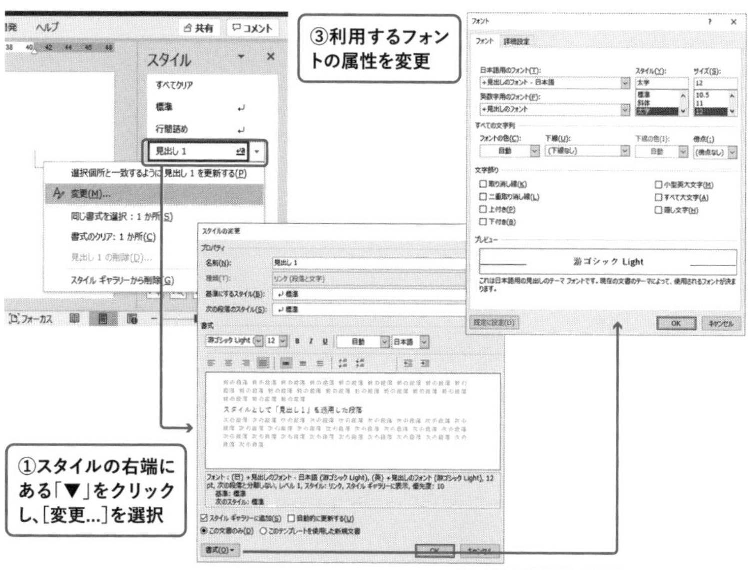

3.1.2

スタイルの種類

Wordのスタイルには、(1) 段落に適用されるもの、(2) 文字に適用されるもの、(3) 表に適用されるもの、(4) 箇条書きの方法を決めるものの4種類、および特殊な「リンクスタイル」があります（表3.1）。

■表3.1　個々のスタイルに対するシンボル

スタイルの種類	シンボル
段落スタイル	
文字スタイル	a
表スタイル	
リストスタイル	
リンクスタイル	

▸▸段落スタイル

段落全体の書式を規定します。ここでは「利用するフォント」「文字列の配置（左揃え、右揃え、中央揃えなど）」「タブ位置」「行間隔」「罫線」「インデント」など、段落に関する書式設定を定義します。スタイル定義の中心と言ってもよいでしょう。[スタイル] ウィンドウでは改行記号で示されます。

▸▸文字スタイル

特定の範囲の文字列に対してのみ効果を持つ書式を規定します。段落スタイルと別に文字スタイルが用意されているのは、段落中の特定の場所を強調する、あるいは特定の部分（コマンド名など）の書式を変更する、といった要請に対応するためです。HTMLで言えばstrongやcodeといった「インライン要素」に対応すると言えるでしょう。［スタイル］ウィンドウでは「a」で示されます。

文字スタイルではフォントの指定はもちろん、当該部分に対する罫線や網かけの付与といったことも行えます。

▸▸表スタイル

表全体、あるいは表中の特定の行／列／セルに対する書式や、罫線／網かけの規定を行います。表スタイルを利用すれば、「偶数行と奇数行で異なった背景色を使う」「先頭の行のみ書式を変更する」などを実現できます。詳細は第6章で説明します。

文字列に対するスタイルではないので、［スタイル］ウィンドウには現れません。表の挿入後、リボンの［デザイン］タブの［表のスタイル］から適用します。後述する［スタイルの管理］ウィンドウでは表のマークで示されます。

▸▸リストスタイル

特定の段落に対する箇条書きの書式を定義します。段落に対して追加で適用することで、箇条書きを示す行頭文字（「・」や「☆」など）や段落番号を後から付与できるようになっています。

これらも［スタイル］ウィンドウには現れず、リボンの［ホーム］タブの［段落］にある［アウトライン］から選択します。［スタイルの管理］ウィンドウではリストのマークで示されます。

▸▸リンクスタイル

「リンクスタイル」は段落スタイルと文字スタイルの両方で使えるスタイルであり、以下のように振る舞います。

・文字列を選択せずに適用した場合、その段落の段落スタイルとしてリンクスタイルが適用される。
・文字列の一部を選択して適用した場合、その段落は従来の段落スタイルを維持したまま、選択範囲に対してリンクスタイルの文字スタイル定義が適用される。

リンクスタイルは［スタイル］ウィンドウで改行記号と「a」が合成された特殊な記号で表示されます。

なお、［スタイル］ウィンドウの下部にある［リンクされたスタイルを使用不可にする］を選択すると、リンクスタイルは段落スタイルとしてのみ働きます。この場合、文字列の一部分を選択して適用すると、その段落全体に本来の段落スタイルが適用されます。

3.1.3

組み込みのスタイルとスタイルの階層

Wordは最初からさまざまな定義済みスタイルを用意していますが、これらはそのまま利用することも、カスタマイズして利用することも可能です。デフォルトでは表示されないものもありますが、［スタイル］ウィンドウの［オプション…］をクリックして［スタイルウィンドウオプション］ダイアログを開き、［表示するスタイル］から［すべてのスタイル］を選択すれば、すべて表示させることができます。とはいえ、使わないスタイルまで表示されるのはあまりにも煩雑ですから、実際には必要なものだけを表示させるようにしてください（設定方法は後述します）。

以下に、主要な定義済みスタイルを紹介します。いくつかの組み込みスタイルには特別な意味が含められているので、多少注意が必要です。

標準

ほぼすべての段落スタイルの親となっているスタイルであり、デフォルトの段落スタイルにもなっています。このスタイルの変更は他のほとんどのスタイルに影響を及ぼすため、**カスタマイズは避けてください。**

本文／本文字下げ

「本文」は「標準」を基準スタイル（後述）としただけのスタイルであり、結果として「標準」とまったく同じ定義を持っています。上述の通り「標準」をカスタマイズするとほぼすべてのスタイルに影響が及ぶため、本文の記述にはこのスタイルか、これに字下げを付与した「本文字下げ」を使うとよいでしょう。

見出し1～見出し9

これらの9つのスタイルは、Wordがデフォルトで「見出し」として認識するものです。これらのスタイルが適用された段落は、目次作成時に目次項目として拾い上げられます。ドキュメント中の章や節の見出しは、このスタイルで実現してください。

段落フォント

すべての文字スタイルの親となるスタイルです。このスタイルに実体はなく、その時点でカーソルが存在する段落スタイルのフォント定義がそのまま使われます。

目次／索引

「目次1」から「目次9」、「索引1」から「索引9」は、それぞれ目次／索引の内部で使われるスタイルとなっています。これらのスタイルを変更すれば、目次や索引の外観をカスタマイズできます。

Wordの機能に関係するもの

「コメント文字列」「ハイパーリンク」「脚注参照」「脚注文字列」「図表番号」のように、Wordが提供する機能が内部的に利用しているものです。

ここで、先にスタイルの利用例を紹介するときに示した図3.2を再度見てみてください。[スタイルの変更] ダイアログのプロパティの中に [基準にするスタイル] という指定があり、「見出し1」の場合は「標準」が設定されていることがわかるでしょう。ここにスタイル定義のポイントが一つ隠れています。

スタイルの定義では、**基準にするスタイル**を指定することによって、スタイルの間に親子関係を持たせることができます。子は親の定義を改変できますが、改変しなかった部分はすべて親の定義を引き継ぎます。もちろん、親側の定義を変更すると、子側でもその変更が有効になります。

たとえば、通常の段落と、多少インデント付けした段落の2つを利用したいとしましょう（図3.3)。このとき、前者を「本文」、後者を「本文インデント」というスタイルで定義し、さらに「本文インデント」は「本文」を基準とするように指定したとします。この状態で、「本文」スタイルの定義を以下のように変更したとしましょう。

・フォントを太字に変更
・インデント幅を「本文インデント」よりも深くする

■図3.3　2種類のインデント。「本文インデント」は「本文」を基準として作成したスタイル

ここは左側に2文字のインデント＋1文字の字下げを設定した段落です。この部分を「本文」スタイルとして定義しました。↵

ここは「本文」スタイルよりもさらにインデントを追加した段落です。こちらは「本文インデント」というスタイルにします。↵

変更後の状態を図3.4に示しました。「本文」のフォントを変更したため、「本文インデント」のフォントも同じように変更されていることがわかります。

■図3.4　「本文」変更後の結果。「本文インデント」のフォントは変わったが、インデント幅は変わっていない

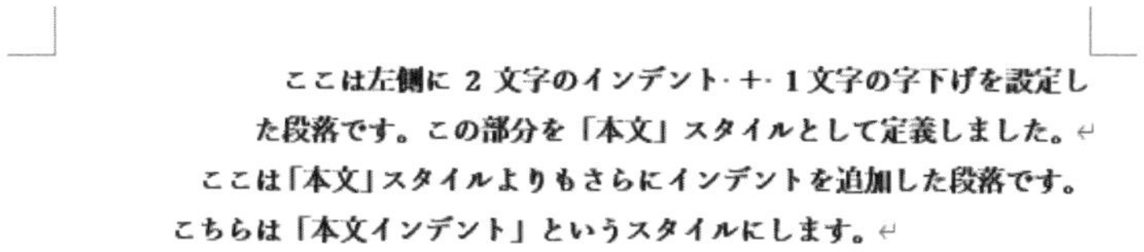

ここは左側に 2 文字のインデント･+･1 文字の字下げを設定した段落です。この部分を「本文」スタイルとして定義しました。↵
ここは「本文」スタイルよりもさらにインデントを追加した段落です。こちらは「本文インデント」というスタイルにします。↵

しかし「本文」のインデント幅を変更したにもかかわらず、「本文インデント」のインデント幅は変化していません。インデント幅は子側（「本文インデント」スタイル）でカスタマイズしている部分であり、親側の定義は引き継がれないからです。このようにスタイルの間で親子関係を持たせておくと、親の変更に合わせて子の共有部分も変更されるため、ドキュメント全体の統一感を損なわないようにすることができます。

そこで注意しなければならないのが「標準」の扱いです。組み込みスタイルの大部分は「標準」を基準スタイルとして利用しているため、**「標準」スタイルの定義を変更すると大部分のスタイルに影響が出てしまいます**[※2]。特にインデントを変更すると、他のインデント付きのスタイルにも大きな影響が及ぶため、インデントは変更すべきではありません。また、フォントは第5章で説明する「テーマ」のフォントパターンを使って変更すべきものなので、フォントも変更すべきではありません。結果として「標準」で変更してよいのは、フォントサイズのみとなります。

※2　基準スタイルとして「(スタイルなし)」を選択すれば、「標準」スタイルとは無関係のスタイルを定義できます。このようなスタイルは、「標準」スタイルを変更してもその影響を受けません。

3.2 スタイルを定義してみよう

これまでの説明で、スタイルの威力とその考え方については何となくイメージがついたのではないかと思います。では、スタイルを定義する方法について個別に説明していきましょう。

スタイルを定義するにはいくつかの方法があります。最も単純なのは［スタイル］ウィンドウを使う方法で、

- ・新しいスタイルを定義する場合は［新しいスタイル］をクリック
- ・既存のスタイルを変更する場合はスタイルを選んで［変更...］を選択

というものですが、スタイルを頻繁に使うなら［スタイル］ウィンドウの下部にある［スタイルの管理］ボタン（図3.5）を使うべきでしょう。このボタンをクリックするとスタイルの一覧が表示された［スタイルの管理］ダイアログが開き、その中からスタイルの作成／変更／削除が行えるようになります。もちろん、［スタイルの管理］ボタンをクイックアクセスツールバーに配置するのもよいアイデアです[※3]。

■図 3.5 ［スタイルの管理］ボタンのアイコン（バージョンによって見た目が異なります）

Word 2019（Microsoft 365）でのアイコン

Word 2016でのアイコン

※3 クイックアクセスツールバーへのボタンの配置方法は第2章を参照してください。なお、［スタイルの管理］ボタンは［リボンにないコマンド］の中にあります。

3.2.1

スタイル定義のインターフェイス

Wordのスタイル定義インターフェイスは複雑怪奇です。[スタイルの管理] ボタンをクリックすると [スタイルの管理] ダイアログが開きますが、ここで [編集] タブから [新しいスタイル...]、または既存のスタイルを選んで [変更...] をクリックすることによって、スタイル定義用のダイアログを開くことができます (図3.6)。

■図 3.6　スタイル定義インターフェイスの概要（図は［新しいスタイル ...］を選択したときのもの）

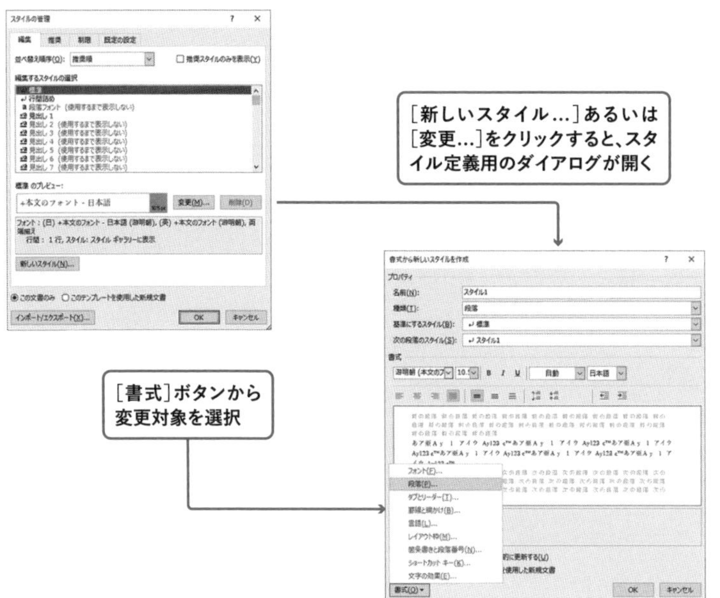

このダイアログではスタイルの名前や種類[※4]（文字、段落、表など）、基準にするスタイルを決定します。また、このダイアログの左下には［書式］というボタンがありますが、これは実際にはドロップダウンリストとなっています。このドロップダウンリストには表3.2のような選択肢が用意されており、それぞれがまた別のダイアログを開きます。スタイルに関するさまざまな定義はこれらのダイアログの内部で行いますが、スタイルの種類によっては選択できないものもあるので注意してください。

■表 3.2 スタイルに対して定義可能な項目

項目	説明
フォント	利用するフォントの指定。太字／斜体、下線や取り消し線の有無といった装飾項目も定義可能
段落	段落書式の指定。右揃え／左揃え／中央揃えといった段落内の文字の揃え方、左右のインデント幅（左右に配置するマージン）、「字下げ」（1行目だけ右側にへこませる）および「ぶら下げ」（1行目だけ左に飛び出させる）、段落前後のマージンなどを定義可能
タブとリーダー（表スタイルの定義時は「タブ」）	段落中のタブ位置の指定。タブの間にリーダー（タブによる空隙を埋める点／線の連続）を配置することも可能
罫線と網かけ	段落周囲に対する罫線、および段落全体に適用される網かけの指定
言語	当該段落で利用する言語の指定。スペルチェックなどに影響する（本書では説明しない）
レイアウト枠	段落をレイアウト枠で囲む場合に利用（本書では説明しない）
箇条書きと段落番号	段落に対する行頭文字、あるいは段落番号の設定。本書ではリストスタイルの定義を行う場合のみ利用することを推奨
ショートカットキー	スタイルに対するショートカットキーの割り当てを行う
文字の効果	ドロップシャドウといった、文字に対する特殊設定（本書では説明しない）
表のプロパティ	表の配置方法や、行／列のサイズの設定
線種/網かけの変更	表の罫線や網かけの指定。段落に対する「罫線と網かけ」とほぼ同じインターフェイスが利用される
縞模様	表を縞模様状態（行／列の順番に応じて背景色を変更する）にする場合に、その間隔を決定

※4 いったん作成したスタイルの種類は変更できません。

COLUMN

スタイルギャラリーとは？

Word では、リボンの［ホーム］タブの［スタイル］からもスタイルを選択できます。この［スタイル］に並んだスタイルの一覧は「スタイルギャラリー」と呼ばれています（図 3.7）。スタイル定義ダイアログの下部にある[スタイルギャラリーに追加]チェックボックスは、このスタイルをスタイルギャラリーに表示するかどうかを決めるものです。

スタイルギャラリーからスタイルを選ぶメリットは、スタイルの適用結果をリアルタイムにドキュメント上でプレビューできる点にあります。よく使うスタイルだけをスタイルギャラリーに登録し、使わないものはスタイルギャラリーから外しておけば、（リボンを使う限り）スタイルがより利用しやすくなります。

なお、スタイルギャラリー上での表示順は、各スタイルの優先度（後述）に従います。

■図 3.7　リボン上のスタイルギャラリー

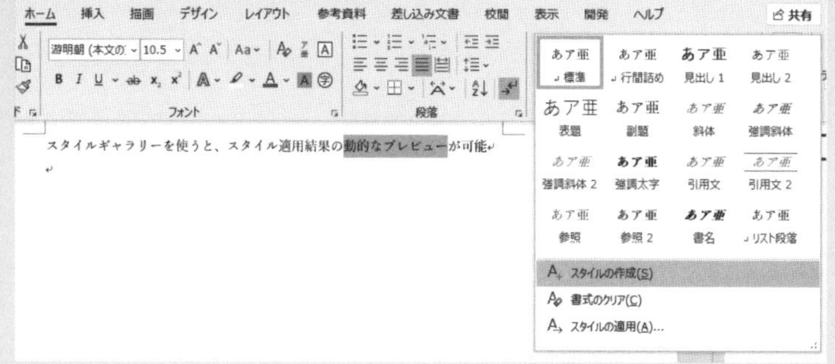

3.2.2

文字スタイルと段落スタイルの定義

スタイルを使ってドキュメントを作成するなら、**「ドキュメントの構造を意識しながら、適切なスタイルを選ぶ」**というスタンスが必要です。この考え方の基礎となるのが段落スタイルです。用途に応じた段落スタイルを定義することで、「見出し」や「本文」といった構造を規定するわけです。一方、段落中の特定の箇所のみテキストの外観を変更したい場合は、文字スタイルを利用します。

スタイルの種類として「段落」を選択すれば段落スタイルが、「文字」を選択すれば文字スタイルが定義できます。とはいえ、本書の読者に対して「この設定はこういう意味で、この設定はこうやって使って……」と個別に説明するのはやぼというものでしょう。そこで、ここではスタイルの設定における主要な考え方を説明することにします。段落スタイルで設定可能な項目の概要については、図3.8を参照してください。

■図 3.8 段落スタイルでの設定項目

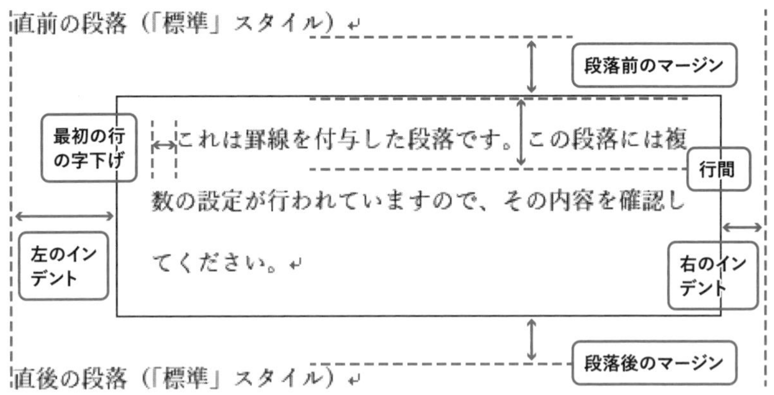

▸▸段落前後のマージンの定義

大きな見出しや注意書きなどの前後にマージンが置かれていると、その部分が目立って読みやすい文書になります（図3.9）。しかしいちいち改行を入れてマージンを用意するのは手間ですし、入れ忘れの可能性も否定できません。手で前後に改行を入れるようなことはやめて、スタイルを使ってマージンを実現しましょう。

段落前後のマージンは、［段落］ダイアログの［段落前］および［段落後］から設定します。また、［同じスタイルの場合は段落間にスペースを追加しない］チェックボックスをオンにすると、**同一の段落が連続する間はマージンが入らない**ようにできます。同じスタイルの段落が複数連続する場合は、このチェックボックスをオンにしておくとよいでしょう。一方、「本文の段落の間には常に1行の空きを入れたい」というケースでは、このチェックボックスをオフのままにしてください。

「マージンが必要な場合もあるが、マージンを置きたくないというケースもある」という場合は、「マージンを置くスタイル」と「マージンを置かないスタイル」の両方を定義しておきます。このとき、どちらかを基準スタイルとすることは言うまでもありません。

■図 3.9　マージンの定義例

↵

ここは「段落前」のマージンとして1行を設定したスタイルです。↵

段落の前に1行のマージンが設定されています。改行コードが表示されていない点に注意してください。↵

- → ここは「段落前」「段落後」のそれぞれに0.5行のマージンを設定し、↵
- → 「同じスタイルの場合は段落間にスペースを追加しない」を設定した↵
- → 「リスト段落」スタイルです。↵

箇条書きが終わるまでマージンは取られません。↵

▸▸隠し文字の定義

Wordのフォント定義では、「隠し文字」という属性を付与することができます。これは［フォント］ダイアログで［隠し文字］チェックボックスをオンにすることで有効になります。

隠し文字は画面上では表示されますが、印刷時には表示されません[※5]。そのため、ドキュメントに対するちょっとした説明や、印刷には出したくないコメントなどをドキュメント中に埋め込んでおきたい場合に重宝します。「隠し文字」を指定した段落は後から区別しやすいように、特徴的な文字色や背景色（黄や水色など）を指定しておくとよいでしょう。

▸▸段落の前に自動的に改ページを入れる

長いドキュメントでは、「見出し1」のように大きな見出しの区切りは、常に新しいページから始めたいものです。このような場合は、段落前で自動的に改ページを行う機能を利用しましょう。

スタイル定義ダイアログで［書式］から［段落］を選択し、［改ページと改行］タブを開いてください。その中の［段落前で改ページする］というチェックボックスをオンにすると、そのスタイルを適用した段落の直前で必ず改ページが行われるようになります（図3.10）。

※5 隠し文字を表示するようにWordを設定していない場合、画面上にも表示されません。一方、隠し文字を印刷するように設定した場合は、印刷時に表示されてしまいます（第2章参照）。

■図 3.10 改ページの指定

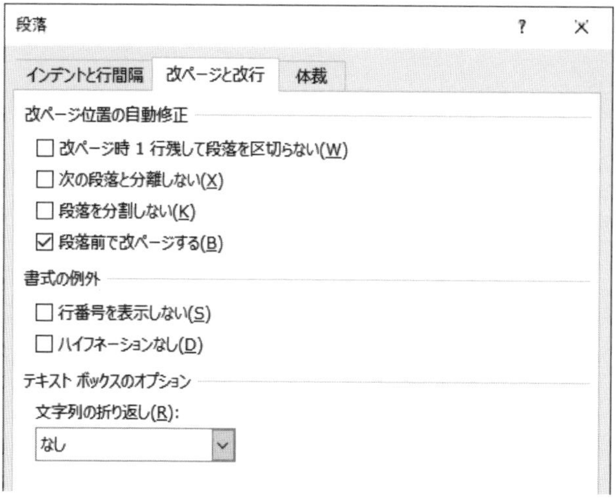

段落 ? ×

インデントと行間隔 | 改ページと改行 | 体裁

改ページ位置の自動修正

☐ 改ページ時 1 行残して段落を区切らない(W)
☐ 次の段落と分離しない(X)
☐ 段落を分割しない(K)
☑ 段落前で改ページする(B)

書式の例外

☐ 行番号を表示しない(S)
☐ ハイフネーションなし(D)

テキスト ボックスのオプション

文字列の折り返し(R):
なし

▸▸「次の段落スタイル」を利用する

段落スタイルの定義では、次の段落に適用するスタイルを指定できます。これは極めて有用な仕組みなので、ぜひ意識して使ってください。

「見出し」スタイルの次の段落のスタイルを「本文」としておけば、見出しの入力後に改行を入力すると、次の段落には自動的に「本文」スタイルが設定されます。一方、「本文」の次には「本文」を続けたいでしょうから、「本文」の次の段落のスタイルには「本文」を指定します。「次の段落のスタイル」をうまく定義すれば、Word上での文章入力が極めて効率的になります。

▸▸枠組みをスマートに実現する

図3.11のような「枠に囲まれた段落」を表現する際、まずテキストボックスを使って矩形を描画し、その中にテキストを記述する人がいます。ですが、スタイルを使えば同等の表現をごく簡単に実現できます。[※6]

※6 テキストボックスの内容は Ctrl + A による全選択の対象とならないばかりか、テキスト形式での保存時にも保存対象にならないというデメリットがあります。データの再利用を考えるなら、このような目的でのテキストボックスの利用は極力避けるべきです。

■図 3.11　枠に囲まれた段落

これはテキストボックスによって作成した「枠に囲まれた段落」です。

こちらはスタイルによって定義した「枠に囲まれた段落」です。

スタイル定義ダイアログ内にある［罫線と網かけ］を選択すると、図3.12のようなダイアログが開きます。ここでは段落の周囲に罫線を付与する、あるいは段落に網かけを行うといった指定ができます。特定の段落の周囲を枠で囲むのであれば、段落の上下左右に罫線を設定してください。罫線が段落に近すぎるという場合は、［オプション...］ボタンから罫線と段落の間隔を指定することも可能です。

このようなスタイルを「コード例」といった名前で登録しておけば、ソースコードの引用などに利用できます。なお、コード例スタイルの定義における留意点については、第5章で説明します。

■図 3.12　［線種とページ罫線と網かけ］の設定ダイアログ

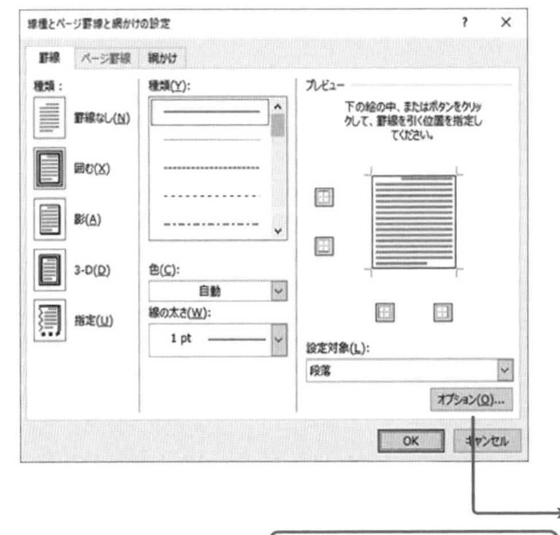

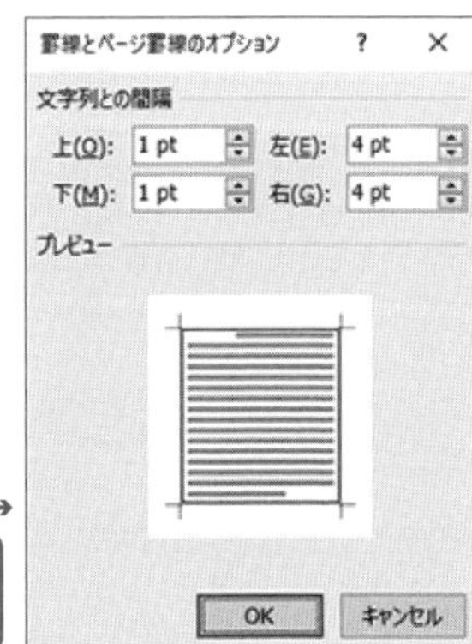

［オプション...］から、罫線と段落の間の間隔を調整可能

▸▸「段落フォント」とは何か

文字スタイルの基準となるスタイル「段落フォント」は、他のスタイルとは性質の異なる、一風変わったスタイルです。このスタイルは「現在カーソルが置かれている段落のフォント」を表現するものであり、名前はあっても実体はない（その場の状況に応じてその定義が変わる）というものだからです。

文字スタイルの基準として「段落フォント」を利用するのは、文字スタイルを「現在の段落で使われている書式に、追加で書式設定を行う」ようにするためです。たとえば、「太字かつ下線」という定義をした文字スタイルを適用すると、現在の段落のフォントやサイズはそのままに、選択した場所を太字＋下線という状態にできます。

もっとも、文字スタイルではフォントや装飾の有無を明示的に指定することも可能です。フォントとして「MSゴシック」を指定した文字スタイルを利用すれば、その段落のフォントが何であっても、適用した箇所のフォントを「MSゴシック」に設定できます。

3.3 箇条書きとアウトライン

技術ドキュメントでは、箇条書きは必要不可欠な構成要素です。しかしWordで箇条書きをスマートに実現するのは、実は意外と困難です。

Wordではさまざまな方法で箇条書きを実現可能ですが、現在のWordでは**「リストスタイル」と「リスト段落」スタイルの併用**こそが最もシンプル、かつ間違いがない箇条書きの実現方法だと言えるでしょう。

3.3.1

箇条書きの基本

箇条書きが通常の段落と異なるのは、段落の先頭に行頭文字や段落番号が付与されるという点です。また、箇条書きが複数のレベルから構成される場合、一般的に下位のレベルの箇条書きは、上位のレベルより深くインデントされた形で表現されます。これらの配置方法についての知識がなければ、箇条書きの定義は行えません。

Wordの箇条書きの定義では、以下4つが基本的な構成要素となります。

[番号書式]

箇条書きで利用する段落番号の種類（数字、アルファベット、ローマ数字など）を定義します。「番号書式」という名前にだまされそうになりますが、実はWordのインターフェイスでは、行頭文字の定義もここで行います。

箇条書きが複数のレベルから構成される場合、段落番号や行頭文字をレベルごとに定義します。たとえば、最初のレベルは「・」や「1.」、次のレベルは「-」や「a.」といった指定が可能です。

[左インデントからの距離]

箇条書きの行頭文字／段落番号が配置される位置です（図3.13）。上述の通り、下位のレベルになるほど、一般的にインデント位置は深くなります。

■図 3.13　「左インデントからの距離」と「インデント位置」の考え方

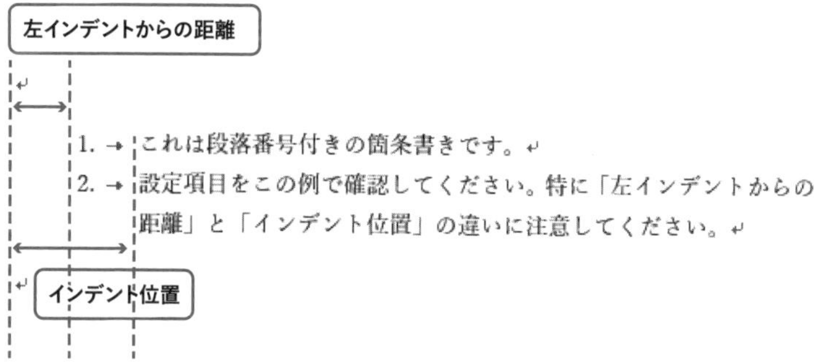

[インデント位置]

行頭文字／段落番号に続く本文が配置される位置です。箇条書きの本文が折り返される場合、次の行は自動的にこの位置から始まります（これを「ぶら下げ」と呼びます）。

通常、行頭文字／段落番号と本文の間にはタブを配置します。タブの代わりにスペースを使うことも可能ですが、その場合は箇条書き本文の1行目の書き出し位置とぶら下げ位置が揃わなくなるので、絶対に行の折り返しが発生しないというケース以外ではお薦めしません。

[番号の整列]

段落番号を利用する場合に、番号をどのように配置するかの設定です。番号の左揃えを選んだ場合、番号は左インデントの位置に左揃えされます。しかし右揃えを選んだ場合、番号は左インデントの位置で右揃えされます。図3.14にその違いを示したので、参考にしてください。

■図 3.14　番号の揃え方による違い

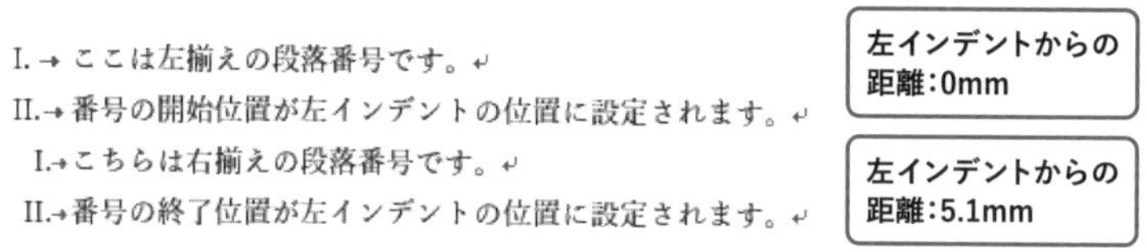

I. → ここは左揃えの段落番号です。↵
II. → 番号の開始位置が左インデントの位置に設定されます。↵

左インデントからの距離：0mm

I. → こちらは右揃えの段落番号です。↵
II. → 番号の終了位置が左インデントの位置に設定されます。↵

左インデントからの距離：5.1mm

3.3.2

リストスタイルの使い方

先に示した4つの構成要素を保持するのが、Wordの「リストスタイル」です。リストスタイルを既存の段落に付与すると、その段落には行頭文字／段落番号が設定されると同時に、レベルにあったインデント位置が設定されます。

リストスタイルは通常のスタイルとは異なり、リボンの［ホーム］タブの［段落］にある［アウトライン］から作成／設定します（図3.15）。新しくリストスタイルを作成するには、［アウトライン］から［新しいリストスタイルの定義...］を選択してください。すると、図3.16のような［新しいリストスタイルの定義］ダイアログが開きます。リストスタイルもスタイルの一種なので、［名前］で適切な名前を付与することを忘れないでください。

■図 3.15　［アウトライン］ボタンのアイコン

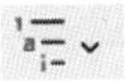

■図 3.16　[新しいリストスタイルの定義] ダイアログ。[書式] からは一部の項目のみ設定可能となっている

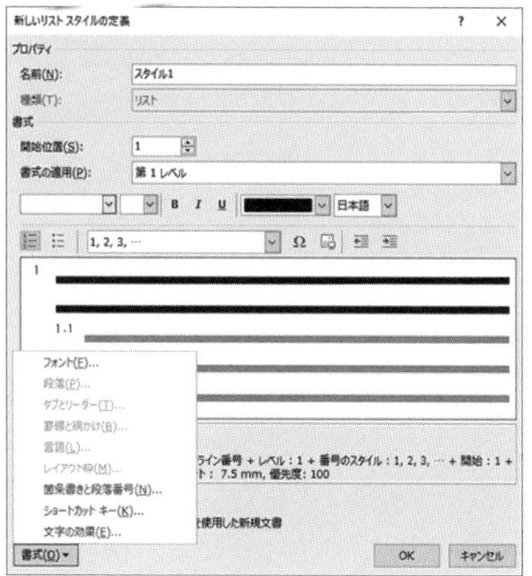

ここで［書式］から［箇条書きと段落番号...］を選択すると、図3.17のような［アウトラインの修正］ダイアログが開きます。先に挙げた4つの構成要素は、ここから定義することになります。

■図 3.17 ［アウトラインの修正］ダイアログ

アウトラインの修正
変更するレベルをクリックしてください(V):
1
2
3
4
5
6
7
8
9
1
1.1
1.1.1
1.1.1.1
1.1.1.1.1
1.1.1.1.1.1
1.1.1.1.1.1.1
1.1.1.1.1.1.1.1
1.1.1.1.1.1.1.1.1
番号書式
番号書式(O):
フォント(F)...
このレベルに使用する番号の種類(N):
次のレベルの番号を含める(D):
1, 2, 3, …
配置
番号の整列(U):
左揃え
左インデントからの距離(A):
0 mm
インデント位置(I):
7.5 mm
すべてのレベルに設定(E)...
オプション(M) >>
OK
キャンセル

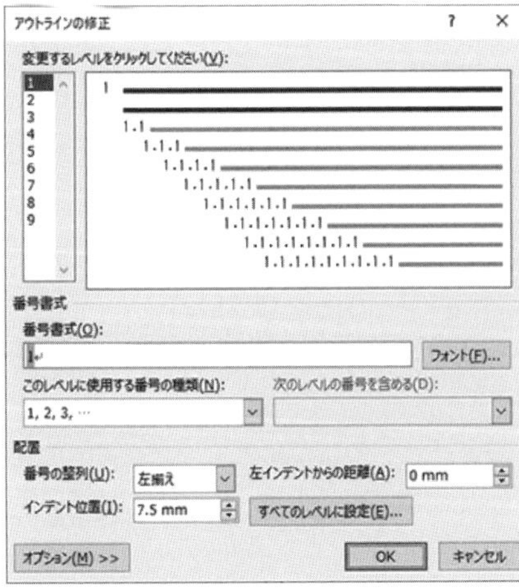

COLUMN

Word で使われる 2 種類の「アウトライン」

Word では、「アウトライン」という用語が 2 種類の意味で使われています。一つは表示モードの一種である「アウトライン表示」で使われるもので、「見出し 1」から「見出し 9」を利用してドキュメント構造を俯瞰する目的で用いられます。もう一つは箇条書き／段落番号で使われるもので、階層構造を持った箇条書きを実現するために用いられます。[アウトラインの修正]ダイアログが指すのは、後者のアウトラインです。

▸▸行頭文字／段落番号の設定

Wordのアウトラインにはレベル1から9までが存在し、それぞれに対して独自の行頭文字／段落番号を設定できます。

各レベルに対する設定は、ダイアログ左上にある数値が並んでいるリストボックスから、設定対象とするレベルを選択することで行います。もっとも、通常のドキュメントでは9レベルすべてを設定する必要はなく、4レベル程度まで設定しておけば十分なはずです。

［このレベルに使用する番号の種類］を選ぶと［番号書式］中のグレーの部分が変更され、その種類に基づく連番が付与されます。また、数字の前後に適当な区切り文字（ピリオドやかっこなど）を加えれば、それら追加の文字も含めて連番が振られます。つまり「1)」のように設定すれば、振られる番号は「1)」「2)」のようになるわけです。

アウトラインは構造全体を管理しているので、段落番号は上位レベル内部での連番となります。また、上位の階層の連番を連番中に含めることも可能です。たとえば、最上位のレベルでは「1.」「2.」……と振り、次のレベルでは「1.1.」「1.2.」……のように振りたいとしましょう。この場合はまず設定対象としてレベル2以下を選び[※7]、［次のレベルの番号を含める］で現在のレベルよりも上位のレベルを選択してください。［番号書式］に上位レベルの値が追加されるはずです。ただ、通常の箇条書きで上位レベルの番号を付与することは避けるべきしょう。番号が間延びしてしまい、インデント位置の設定が難しくなるためです。

段落番号ではなく**行頭文字を付与したい**場合は、［このレベルに使用する番号の種類］中の「行頭文字」から始まるものを選択してください。もし気に入った行頭文字がなければ、ドロップダウンの最後にある［新しい行頭文字...］から任意の文字を選択することもできます。

なお、リストスタイルの［フォント...］の定義は、**行頭文字や段落番号に利用するフォントである**点に注意してください。リストスタイルの［フォント...］で太字を選択したとしても、太字になるのは行頭文字や段落記号だけであり、リストスタイルを適用した段落自体は太字になりません。

※7 レベル1にはより上位のレベルが存在しませんので、［次のレベルの番号を含める］から上位レベルを選択することはできません。

▸▸インデントの設定

ダイアログ内の［配置］セクションでは、先に説明した［左インデントからの距離］や［インデント位置］を設定できます。ここでのポイントは、まず［すべてのレベルに設定...］を利用して、**全レベルでインデントを統一**することです。

［すべてのレベルに設定...］ボタンを押すと図3.18に示すような［すべてのレベルに設定］ダイアログが開きます。まずここで、［第1レベルの行頭文字/番号の位置］を0に、［第1レベルの字下げとぶら下げ］を希望するぶら下げ位置に、［各レベルの追加インデント］にレベルが下がる都度追加したいインデント幅を設定してください。これにより、すべてのレベルで統一されたインデントとぶら下げ幅が設定されます。インデントおよびぶら下げ幅がイメージと異なる場合は、このダイアログを使って調整してください。

■図 3.18　［すべてのレベルに設定］ダイアログ

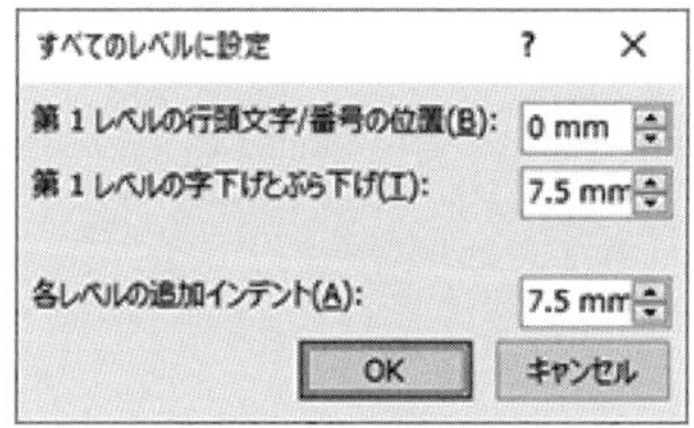

「箇条書きには本文よりも全体的に少しインデントを付与したい」という場合、まず［すべてのレベルに設定］でインデントを統一してから、各レベルに対してインデント幅を追加する必要があります。具体的には、箇条書き全体としてインデントする幅を決めた上で、各レベルの［左インデントからの距離］および［インデント位置］にその幅を個別に追加することになります。表3.3に、図3.18の条件でインデントを設定した箇条書きにさらに10mmのインデントを加える例を示したので、参考にしてください。

なお、［すべてのレベルに設定］の［第1レベルの行頭文字/番号の位置］に期待するインデント位置を設定しても、大抵の場合期待した結果は得られませんので注意してください。

■表 3.3 インデント幅の追加（レベルごとの追加インデント 7.5mm で、箇条書き全体に 10mm のインデントを加える場合）

項目	変更前		変更後（全体に+10mm）	
レベル	左インデントからの距離	インデント位置	左インデントからの距離	インデント位置
レベル1	0mm	7.5mm	10mm	17.5mm
レベル2	7.5mm	15mm	17.5mm	25mm
レベル3	15mm	22.5mm	25mm	32.5mm
レベル4	22.5mm	30mm	32.5mm	40mm

▸▸リストスタイルの適用と管理

このようにして構成したリストスタイルは、リボンの［ホーム］タブの［段落］にある［アウトライン］中の［リストのスタイル］に現れます。これを選択すると、選択したリストスタイルが現在の段落に適用されます。また、リストスタイルが適用された段落では Alt ＋ Shift ＋ → でリストのレベルを下げる、Alt ＋ Shift ＋ ← でリストのレベルを上げることができます。※8

作成したリストスタイルの定義を変更したい場合は、［アウトライン］の［リストのスタイル］に現れるリストスタイル上で右クリックして［変更］を選ぶか、［スタイルの管理］から変更したいリストスタイルを探して変更します。なお、リストスタイルの削除は［スタイルの管理］からしか行えません。

※8 ［ホーム］タブの［段落］にある［インデントを増やす］［インデントを減らす］ボタンを使ってもかまいませんが、本文中で示したショートカットのほうが簡単でしょう。なお、オートコレクトの設定で［Tab/Space/BackSpaceキーでインデントとタブの設定を変更する］を有効にすれば Tab および Shift + Tab でレベルを変更可能となりますが、この設定は箇条書き以外の場所で意図しないインデントを発生させる可能性があります（第2章参照）。

COLUMN

［アウトライン］の表示をすっきりさせる

［アウトライン］で開くドロップダウンの中には、［現在のリスト］や［リストライブラリ］など、多数のリストが現れます。ただ、リストスタイルを使うなら他のリストを使う必然性はありませんから、［リストライブラリ］は邪魔になるでしょう。

リストライブラリ中の個々のリストは、その上で右クリックすると現れる［リストライブラリから削除］を選ぶことで削除できます。もし復活させたくなったら、Word終了後に環境変数AppData以下のMicrosoft¥Word¥ListGal.datを削除し、再度Wordを起動してください（大多数の環境では、環境変数AppDataの値は「C:¥Users¥ユーザー名¥AppData¥Roaming」となっています）。

また、このドロップダウンの右上には［すべて▼］という別のドロップダウンがありますが、ここで［リストのスタイル］を選択すれば、リストスタイルのみが表示されるようになります（［リストのスタイル］という選択肢は、一つでもリストスタイルを定義した後でないと現れません）。しかし、残念なことにこの選択はWordの再起動後には引き継がれません。

3.3.3

「リスト段落」スタイルを使って箇条書き部分の外観を変える

リストスタイルはあくまでも行頭文字や段落番号を既存の段落に付与するものであり、箇条書きが適用された段落のマージンやフォントを規定するものではありません。箇条書きとしたい段落の外観を変更したければ、そのような段落向けに独自の段落スタイルを定義する必要があります。

Wordが持つ「リスト段落」という特別なスタイルを利用すると、この負担をある程度緩和できます。段落スタイルが「標準」である場合に限り、リストスタイルを適用した段落には「リスト段落」スタイルが自動的に適用されます。あらかじめ「リスト段落」スタイルに段落マージンやフォントの定義を追加し、リストスタイルを適用する範囲には事前に「標準」スタイルを適用しておけば、リストスタイルを適用した瞬間に箇条書き部分の外観が変更されるというわけです。リストスタイルを適用したい範囲にいったん「標準」スタイルを適用するのは手間に思えますが、「標準」スタイルの適用はショートカットキー Ctrl + Shift + N で行えるので、これさえ覚えておけばそこまで面倒ではありません。

なお、「リスト段落」スタイルを利用する場合は以下に注意してください。

- [Wordのオプション] で [箇条書きや段落番号に標準スタイルを使用する] がオンになっている場合（第2章参照)、リストスタイルを適用しても「リスト段落」スタイルは適用されません。
- 「リスト段落」自体はただの段落スタイルにすぎないので、行頭文字や段落番号の定義を持っていません。したがって段落に「リスト段落」を適用しただけでは、その段落に行頭文字や段落番号が付加されることはありません。
- リストスタイルが設定された段落で何も文字を入力せずに改行すると、その段落からは段落先頭の箇条書き／段落番号が外れます。しかし「リスト段落」に段落前後のマージンを付与していた場合、このマージンが引き続きその段落に付与されたままになる点に注意してください。このような場合は、その段落に対する正しいスタイルを適用し直す必要があります。

3.4 スタイルに関するその他の話題

ここまで、スタイルの基本的な利用方法について説明してきました。以下では、スタイルをよりよく活用するための話題を取り上げます。

3.4.1

スタイルを手早く定義する

ダイアログだけでスタイルを定義することは、慣れないうちは大変です。より簡単にスタイルを定義するには、「スタイルを定義」→「画面上で変更」→「変更結果をスタイルに反映」という流れで作業を行うとよいでしょう。

まずはスタイルの種類と名前だけを決め、とりあえずスタイルを作成してしまいます。そのスタイルを適当な段落に適用し、その段落に対してルーラーを使ってインデントを設定する、フォントサイズを変更する……などして、求める状態に持っていきます。この状態で、［スタイル］ウィンドウの当該スタイルの上にマウスを持っていくと右端に現れる「▼」をクリックし（図3.19）、［選択個所と一致するように<スタイル名>を更新する］を選択すれば、現在の状態をスタイルの定義に反映できます。

なお、ショートカットキー Ctrl + Q（段落書式の解除）を使うと、現在カーソルが置かれた段落の書式をすべてクリアし、その段落に割り当てられているスタイルの本来の書式へと戻すことができます。また、Ctrl + Space （文字書式の解除）は、現在選択されている範囲の文字書式を、段落スタイルの本来の書式へと戻してくれます。どちらも誤ってスタイルの定義を変更してしまった場合に有用です。

■図 3.19　スタイルに対するメニューの表示

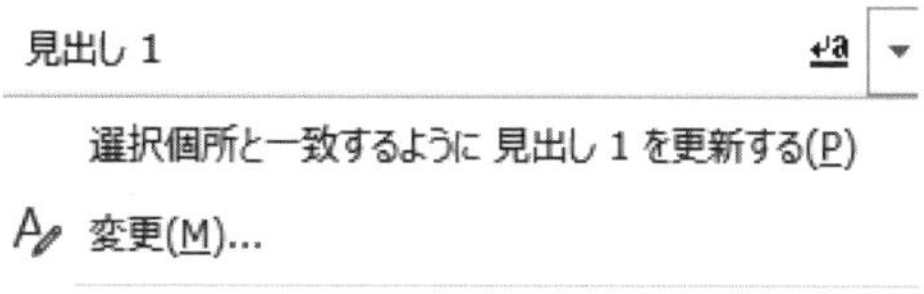

見出し 1

選択個所と一致するように 見出し 1 を更新する(P)

変更(M)...

3.4.2

スタイルの状態を素早く調べる

スタイルの定義に試行錯誤している間の心強い友が、Shift + F1 で開くことができる［書式の詳細］ダイアログです（図3.20）。ここには現在のフォントや段落の定義がすべて表示される上、複数箇所を選択して定義の違いを調べることも可能です。

このウィンドウの下部にある［スタイル名を表示する］チェックボックスを有効にすると段落スタイルの名前が、文字スタイルを適用している範囲では加えてその箇所の文字スタイルの名前が表示されます。

■図 3.20　［書式の詳細］ダイアログ

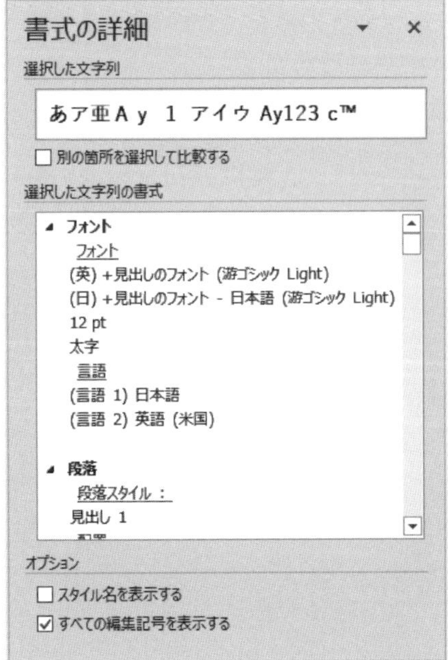

3.4.3

利用するスタイルだけを表示させる

Wordが最初から用意している組み込みスタイルは、そのすべてが必要なわけではありません。使わないスタイルが表示されないようにすればスタイルを選択しやすくなり、作業効率も上がるでしょう。ただし、これはその設定を行ったドキュメント（および、そこから作成したテンプレート）でのみ有効なので、注意してください。

▸▸「推奨スタイル」という考え方

Wordのスタイルには「推奨」という概念があり、各スタイルにはそれぞれ以下の3つの推奨レベルのいずれかが割り当てられるようになっています。

- **表示**：推奨スタイルとして常に表示される
- **使用するまで表示しない**：非推奨として扱われるが、ドキュメント中で使われた時点で推奨スタイルとして扱われるようになる
- **表示しない**：非推奨となり、デフォルトでは表示されない

Wordではこの推奨レベルを利用して、表示するスタイルを選択できます。デフォルトでは推奨レベルのスタイルしか表示されないようになっているので、利用しないスタイルを非推奨とすれば、それらを表示させないようにすることが可能になるというわけです。

スタイルに対する推奨レベルの設定は、[スタイルの管理] ダイアログの [推奨] タブ（図3.21）から行います。ここに表示される一覧では、推奨スタイルは黒字で、非推奨スタイルはグレーで表示されています。各スタイルを選択し、ダイアログ下部の [表示] [使用するまで表示しない] [表示しない] のいずれかのボタンをクリックすれば、当該スタイルの推奨レベルを変更できます。常用するスタイルのみ [表示] とし、それ以外をすべて [表示しない] にしておけば、余計なスタイルを表示しないようにできるでしょう。

たとえば、HTML関係のスタイル、および低いレベルの見出し（「見出し7」など）は使う機会が少ないので、表示すべきではありません。一方、「本文」や「本文字下げ」はデフォルトでは [使用するまで表示しない] に設定されているので、[表示] に変更しておきましょう（第5章で説明しますが、この両者は通常どちらか一方しか使わないので、利用するほうだけを [表示] に設定してください）。

■図 3.21 ［スタイルの管理］ダイアログの［推奨］タブ

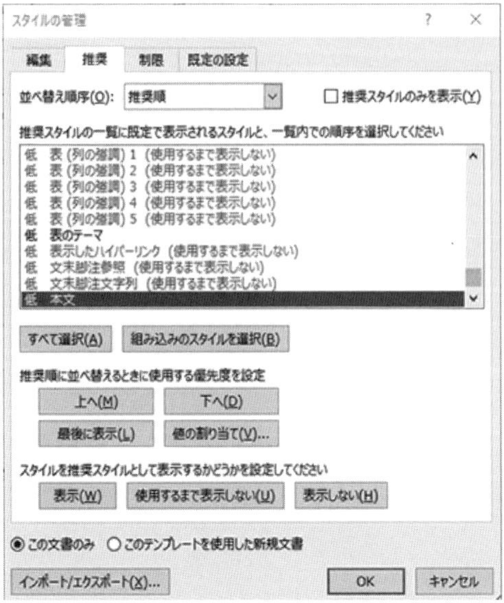

［値の割り当て…］ボタンから開く［値の割り当て］ダイアログを使えば、各スタイルに対する優先度も設定できます。優先度は［スタイル］ウィンドウやスタイルギャラリーでの表示順として使われる値（値が小さいほど優先度が高い）ですから、よく使うスタイルの優先度を上げておき、使わないスタイルの優先度を下げておきましょう。そうすれば、よく使うスタイルを上に、あまり使わないスタイルを下に配置できます。

なお、このダイアログの［制限］タブを使うと、そもそもそのスタイルを使えなくしてしまうこともできます。具体的には、特定のスタイルを選択した状態で［選択したスタイルの使用許可の設定］で［制限］をクリックすると、そのスタイルには鍵のアイコンが付与され、制限された状態となります。ここでさらに［許可されたスタイルだけに書式を制限する］にチェックを入れると、そのスタイルは利用できなくなります。

この「書式の制限」はWordが持つパスワードベースの文書保護機能の一つですので、これを設定するとパスワードの入力を求められる点に注意してください（文書保護機能については、第5章で説明します）。

▸▸スタイルの表示方法を選択する

先に「デフォルトでは推奨レベルのスタイルしか表示されないようになっている」と説明しましたが、この挙動は変更可能です。［スタイル］ウィンドウの［オプション...］ボタンから開かれる［スタイルウィンドウオプション］ダイアログ（図3.22）で、［表示するスタイル］ドロップダウンリストを使ってカスタマイズしてください。

■図 3.22　［スタイルウィンドウオプション］ダイアログ

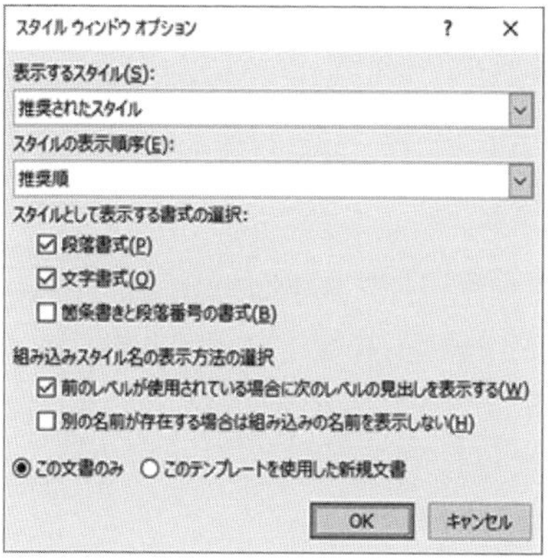

選択肢の意味は表3.4の通りです。「使いもしない邪魔なスタイルは絶対に表示させたくない」という場合は、利用するスタイルだけを「推奨されたスタイル」に設定した上で、デフォルトの「推奨されたスタイル」を利用することをお薦めします。

■表 3.4 ［表示するスタイル］の選択肢

選択肢	説明
推奨されたスタイル	「推奨」と設定されたスタイルのみ表示
使用中のスタイル	現在のファイル中で使っているスタイルのみ表示
作業中の文書に含まれるスタイル	使用中のスタイルに加え、このファイル内で過去に一度でも使ったスタイルを表示
すべてのスタイル	すべての定義済みスタイルを表示

3.4.4

書式の履歴の記録

たとえば、「本文」スタイルを適用したある段落の字下げ幅を、ルーラーで直接変更したとしましょう。これによって「本文」というスタイルには、2つの定義が発生することになります。一つは字下げがない「本文」で、もう一つは字下げのある「本文」です。このような事態が繰り返されると、最終的にはスタイルを使っているにもかかわらず、ドキュメントの見栄えが統一されていないという状態に陥るでしょう。Wordの用語では、これを「**書式の不統一**」と呼びます。

「書式の不統一」を検出するには、［スタイル］ウィンドウの［オプション...］から［スタイルウィンドウオプション］ダイアログを開き、［スタイルとして表示する書式の選択］にある［段落書式］と［文字書式］の両チェックボックスをオンにしてください。※9 あるスタイルが適用されているにもかかわらず、その適用箇所の書式が本来のスタイルの定義とは異なっている部分があれば、「元のスタイル名＋差異」というスタイルが［スタイル］ウィンドウに登場するようになります。先の例では、たとえば「本文＋最初の行：

※9 ［スタイル］ウィンドウ内部が煩雑になるため、［箇条書きと段落番号の書式］のチェックはお薦めしません。

1字」といったスタイルが登場することになるでしょう[※10]。これによって、書式の不統一が発生している場所を検出できます。

さらに、[Wordのオプション] の [詳細設定] → [編集オプション] で [書式の履歴を維持する] をオンにした上で [書式の不統一を記録する] もオンにしておくと、このような問題の箇所の下には破線が引かれるようになります（図3.23）。両オプションを併用すると、スタイルが崩れている箇所を簡単に識別できます。

■図 3.23 「書式の不統一」を示す破線と、「元のスタイル名＋差異」というスタイルの表示

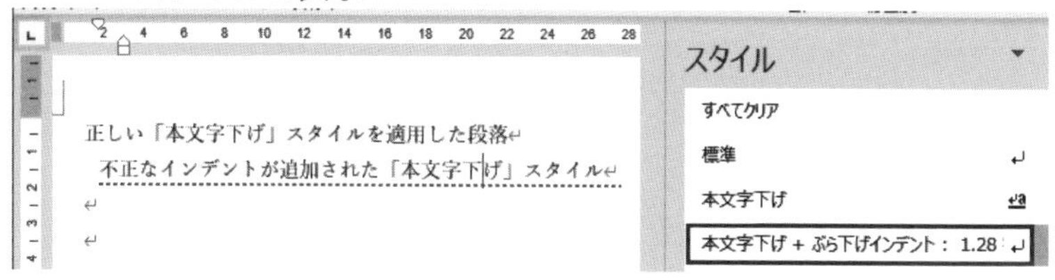

▸▸書式の不統一を撲滅するには

「元のスタイル名＋差異」というスタイルが登場した場合、[スタイル] ウィンドウ上でそのスタイルの右端にある「▼」から [同じ書式を選択] を選択すれば、ドキュメント中にあるそのような問題箇所がすべて選択されます（図3.24）。その状態で正しいスタイルを再度設定し直せば、そのような箇所の書式を本来のスタイル定義に戻すことができます。

※10　本来この機能は、「本文＋最初の行：1字」のような「不統一な書式」もスタイルのように利用できるようにするためのものですが、もちろんそのような用途で利用してはいけません。書式の不統一を早期に発見するためにこの機能を利用するのがミソですから、利用するのは「本文」のような正しいスタイルに限定する必要があります。

■図 3.24　問題のある書式をすべて選択する

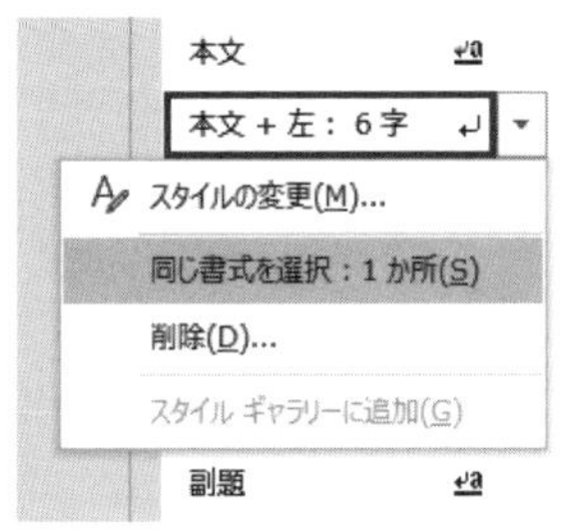

なお、このようにして「元のスタイル名＋差異」を撲滅しても、その時点の［スタイル］ウィンドウには「元のスタイル名＋差異」が残ってしまうことがあります。しかし一度［スタイルウィンドウオプション］を開いて［OK］を押せば、残ってしまったスタイルは削除されます。

▸▸何もしていないのに「元のスタイル名＋差異」が登場する

スタイルを定義するために試行錯誤を繰り返している過程では、ときとして正しい書式のはずなのに、「元のスタイル名＋差異」というスタイルが登場することがあります。たとえば、「本文」スタイルの字下げを1文字としたはずなのに、なぜか「本文＋最初の行：1字」というスタイルが表示されてしまうといったケースです。

このような場合は問題となっている段落にカーソルを置き、**その箇所の定義が確実に正しいことを確認した上で**、［スタイル］ウィンドウで当該スタイルの右端にある「▼」から［選択個所と一致するように<スタイル名>を更新する］を選んでください。これによって現在のスタイル定義が「問題と認識されている状態（実際には本来のスタイル定義と同じもの）」で更新されることになるため、結果として問題となっているスタイルを除去することができます。

ちなみに、「リスト段落」スタイルに段落前後のマージンを追加したことで本現象が発生した場合は、まず**リストスタイルを適用せず**に「リスト段落」

スタイルだけをどこか適当な段落に適用し、それから上記の操作を行ってください。リストスタイルを適用した状態でスタイルを更新してしまうと、その箇所の箇条書き／段落番号までもが「リスト段落」スタイルに反映されてしまうからです。

3.4.5

「最後の1行だけページからはみ出した」に対応する

Wordに対する（理不尽な）不満として「最後の1行だけページからはみ出した場合、その行をページ内に収めるのが大変」というものが挙げられます。Excelの「次のページ数に合わせて印刷」機能との比較に起因する不満であり、これを理由にWordを毛嫌いする人が一定数存在することも事実です。

Wordでこの問題に対応するには、正攻法では以下のいずれかの方法を利用します。

- ページ設定で余白を修正して、1ページに収まるようにする
- 「標準」のフォントサイズを小さめに変更した上で、第5章で紹介するように1ページに収める行数を変更する

しかし将来的に変更が見込まれるドキュメントであれば、内容が変更される都度1ページに収めることに腐心するのではなく、内容が複数ページにまたがることを許容すべきでしょう。**「1ページに収める」ことが至上命令になってしまうと、誰もドキュメントのメンテナンスを行わなくなってしまいます。**

なお、Wordでは以下のように、1行だけはみ出しても見栄えの悪化を最小限に抑える仕組みが用意されていますので、これらを使うことも検討して

ください。いずれも「段落の前に自動的に改ページを入れる」(72ページ)で紹介した［段落］の［改ページと改行］タブから、スタイル単位で設定可能です。

［改ページ時1行残して段落を区切らない］

段落中で改ページが発生し、1行だけが次のページに送られるというケースでは、次のページに2行が送られるようになります。また、前のページに段落先頭の1行だけが残ってしまうケースでは、前ページに残る1行が次のページに送られるようになります。

［次の段落と分離しない］

次の段落との間に改ページが入らないようになります。「見出し」系のスタイルにはすべてこの設定が事前に行われているので、Wordでは見出しと本文が分離されないようになっています。

［段落を分割しない］

単一の段落の途中で改ページが発生する場合、その段落全体が次のページに送られます。

なお、上述の［次の段落と分離しない］［段落を分割しない］および［段落前で改ページする］(72ページ参照)のいずれかを有効にした場合、その段落の先頭には小さな黒い四角形が表示されるようになります（図3.25)。この黒四角は［Wordのオプション］の［表示］→［常に画面に表示する編集記号］で［段落記号］をオフにすれば表示されなくなります（しかし、この場合はタブや改行も表示されなくなるので、あまりお薦めしません)。

■図 3.25　段落の先頭に付与される四角形

▪「次の段落と分離しない」が入った見出し 2↵

第4章

DRYで行こう！

コピー＆ペーストが内容を劣化させるというのは、何もソースコードに限った話ではありません。ドキュメント中のコピー＆ペーストも、ドキュメントのメンテナンス性を悪化させる元凶となります。

コピー＆ペーストに限らず「同じことを繰り返さない」ようにするためにも、Wordが持つさまざまな機能を活用しましょう。本章ではフィールドを始めとする、これらの機能について説明します。

4.1 Don't Repeat Yourself!

SEやプログラマと呼ばれる職業に就いている人であれば、まず間違いなく過去に「コピー＆ペーストでプログラムを書くな」と先輩や上司から指導された経験があるはずです。実際にプログラミングの現場でこれが守られているかどうかは極めて怪しいところではありますが、ドキュメント作成の現場ではもっと怪しいのではないでしょうか。

我々が守るべきとされている原則にはさまざまなものがありますが、その中でも最も重要なものの一つと言えるのが「DRY原則」です。「DRY」とは「Don't Repeat Yourself」、つまり「同じことを繰り返し行うことは悪である」という意味です。コピー＆ペーストは、DRY原則を破る最大のものであると言えるでしょう。

DRY原則に従わなければならない理由は明確です。同じことを繰り返し行わなければならないという事実は人をウンザリさせ、労働意欲を失わせてしまうからです。また、同じ情報が複数の場所に分散してしまうと、変更の発生時にそれらすべての場所をすべて同じように修正しなければなりません。実際には修正にかかる労力よりも、「漏れなく修正が行われている」ことを担保するほうがエネルギーを必要とします。そしてこれが現実として不可能であるということは、これまで嫌というほど思い知らされてきた事実ではないでしょうか。

Wordが用意する各種の機能を利用すれば、同じことの繰り返しの大部分は排除できます。ぜひこれらの機能を利用して、無駄な作業を減らしてください。そうすれば、そのドキュメントの価値をより高めるような仕事に注力することが可能となるはずです。

4.2 クイックパーツで文書のメタ情報を埋め込む

ドキュメントを作成する際、ドキュメントのタイトルや作成者を直接ドキュメント中にタイプしていませんか。もしそうだとすれば、それはよくないやり方であることを理解してください。

ドキュメントのタイトルや作成者は、ドキュメント中のテキストとして記述すべき情報ではありません。それらはドキュメントの内部に保持される情報ではなく、**ドキュメントに関する情報**であるからです。情報の管理においては、「情報そのもの」と「情報に関する情報（メタ情報）」を分離することこそよいプラクティスです。メタ情報を情報そのものから分離しておけば、メタ情報そのもののメンテナンスが行いやすくなるのはもちろん、メタ情報の再利用性も増大するからです。

Wordでは、メタ情報は「文書のプロパティ」として設定／管理します。このうち、Wordが最初から用意する基本的なプロパティは「標準プロパティ」と呼ばれています。これらの値は、リボンの［ファイル］タブの［情報］にある［プロパティ］から［詳細プロパティ］を選択することで表示される［＜文書名＞のプロパティ］ダイアログの［ファイルの概要］タブで設定します（図4.1）。

■図 4.1　［＜文書名＞のプロパティ］ダイアログの［ファイルの概要］タブ

ここで設定した値は、Wordの「クイックパーツ」を通じてドキュメントに埋め込むことができます。クイックパーツは定型的なコンテンツを再利用可能な形式で保存しておくためのWordの機能ですが、文書のプロパティに関するクイックパーツもあらかじめ用意されています。なお、文書のプロパティに関するクイックパーツの内容を変更した場合、その変更は文書のプロパティそのものにも反映されます。

リボンの［挿入］タブの［テキスト］にある［クイックパーツの表示］には、［文書のプロパティ］というメニュー項目があります。ここからドキュメントのメタ情報に関するクイックパーツを埋め込むことができます（図4.2）。

■図 4.2　クイックパーツの挿入方法（バージョンによってアイコンの見た目が異なります）

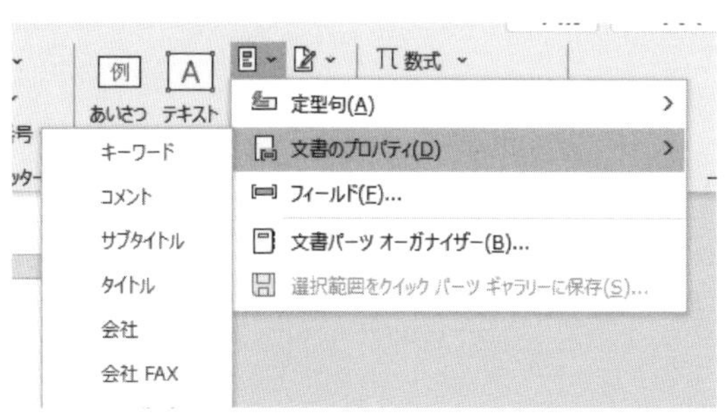

たとえば、クイックパーツとして「タイトル」を埋め込んだ場合、もしまだ標準プロパティの「タイトル」を設定していなければ、ここには「[タイトル]」と薄いグレーで示された文字列のみが表示されているはずです（図4.3）。ここに文字列をタイプすると、その結果は自動的に標準プロパティの「タイトル」にも設定されます。もちろん、標準プロパティの「タイトル」の値を変更すれば、その結果はこのクイックパーツにも自動的に反映されます。

■図 4.3　タイトル用のクイックパーツ（タイトルが未設定の状態）

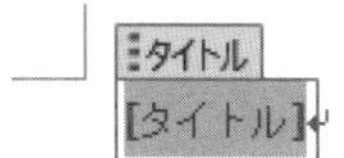

COLUMN

標準プロパティのユーザー情報

標準プロパティのユーザー情報は、[Word のオプション] の [全般] の [Microsoft Office のユーザー設定] にある [ユーザー名] で設定します。Microsoft 365 を使っている場合は Microsoft 365 のユーザーアカウント名が優先されますが、この場合でも [Office へのサインイン状態にかかわらず、常にこれらの設定を使用する] をオンにすれば、ここで設定した内容が優先されます。

4.3 フィールドの利用

Wordの「フィールド」という機能を利用すると、ドキュメント中に自動的に情報を挿入することができます。もちろん、何もないところから情報が湧き出てくるわけではありません。フィールドはドキュメントのメタ情報そのもの、あるいはドキュメント中の**他の部分から導出可能な情報**を取り出して、それらをドキュメント中に埋め込むための仕組みです。

フィールドを利用したことがないという人でも、実は無意識のうちにフィールドを利用した経験があるはずです。たとえば、Wordの目次やページ番号は、フィールドを利用して実現されています。主要なフィールドの利用方法だけでも覚えれば、Wordの利用価値はぐっと高まります。

4.3.1 フィールドの操作方法

リボンの［挿入］タブの［テキスト］にある［クイックパーツの表示］から［フィールド...］を選択すると、図4.4に示す［フィールド］ダイアログが開きます。Wordで利用可能なフィールドは、基本的にすべてここからドキュメント中に挿入できます。

■図 4.4 ［フィールド］ダイアログ（「Page」を選択した状態）

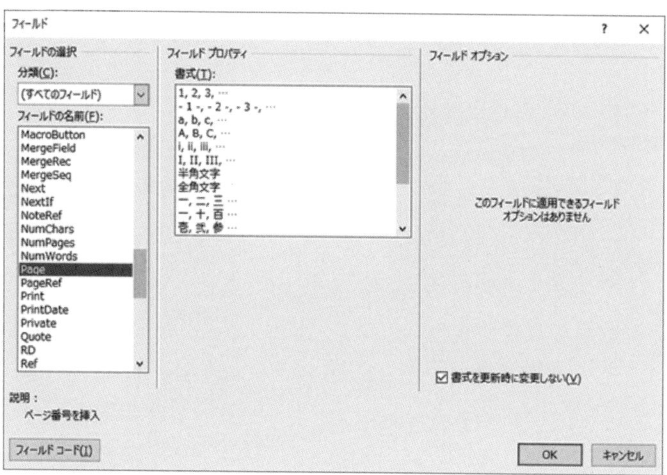

試しに、ページ番号を表現するフィールド「Page」を選択してみましょう。次に［フィールドプロパティ］の［書式］からページ番号の書式として「1, 2, 3, …」を選び、［OK］をクリックします。すると、現在カーソルが存在する位置に、そのページのページ番号が挿入されます。［Wordのオプション］の［詳細設定］→［構成内容の表示］にある［フィールドの網かけ表示］

（第2章参照）を［表示する］に設定していれば、ページ番号にはグレーの網かけも入っているはずです。

このページ番号を選択状態にして、Shift + F9 を押してみてください。「{PAGE ¥* Arabic ¥* MERGEFORMAT}」といった文字列が表示されたのではないでしょうか。この「{」および「}」の間に囲まれた部分にはフィールドを示す「フィールド名」、そしてフィールドの挙動を変更するための「スイッチ」が記述されています。なお、**フィールド名に大文字／小文字の区別はありません**ので「Page」と「PAGE」は同じ意味になります。

この例でのフィールド名は「Page」であり、スイッチは「¥* Arabic」（値をアラビア数字で表示）および「¥* MERGEFORMAT」（コラム参照）です。また、フィールドを囲む「{」および「}」は、通常の「{」および「}」とは異なるもので、「フィールド文字」と呼ばれています[※1]。フィールド名やスイッチ、そしてフィールド文字を合わせた内容が「フィールドコード」です。

フィールドは［フィールド］ダイアログからしか挿入できないわけではありません。フィールドコードの書き方さえ心得ていれば、キーボードからすべてを入力することも可能です。Ctrl + F9 を押せばフィールド文字（「{」および「}」）が入力されますから、ここにフィールド名やスイッチを直接入力してください。もちろん、Shift + F9 でフィールドコードを表示してから、その内容を直接変更してもかまいません。

このようにして記述されたフィールドコードはWordによって評価され、最終的にはドキュメント中のテキストとして表現されます。しかしフィールドは自動的に更新されないので、フィールドが表現する情報が変更された場合は、明示的に更新を行わなければなりません。フィールドの更新は、フィールドを選択して F9 を押すことで行います。

フィールドを効率的に操作するには、ショートカットキーの活用が欠かせません。少なくとも、表4.1に挙げたショートカットは覚えておいてくだ

※1　フィールド文字は「{」および「}」として表示されますが、キーボードから直接入力可能な「{」および「}」とは異なります。フィールド文字を入力するには［フィールド］ダイアログか、Ctrl + F9 を使わなければなりません。

さい。

■表 4.1　フィールドを操作するショートカットキーのまとめ

ショートカットキー	説明
F9	最新の情報でフィールドを更新
Ctrl + F9	フィールドの新規挿入（フィールドコードはキーボードから直接入力）
Shift + F9	フィールドコードの評価結果を表示するか、フィールドコードそのものを表示するかを切り替える
Ctrl + F11	フィールドのロック。ロックされたフィールドは、F9 でも更新されなくなる
Ctrl + Shift + F11	フィールドのロックを解除
F11	次のフィールドへ移動
Shift + F11	前のフィールドへ移動

COLUMN

「¥* MERGEFORMAT」とは何か？

［フィールド］ダイアログからフィールドを挿入した場合、デフォルトではそのフィールドコードにスイッチ「¥* MERGEFORMAT」が設定されます。これは後述する一般書式スイッチの一つで、フィールドに独自に書式を設定した場合、フィールド更新後もその書式を維持することを指示するものです。フィールドに独自の書式を割り当てる必要がなければ、このスイッチは不要です。

［フィールド］ダイアログからフィールドコードを挿入する際、［書式を更新時に変更しない］チェックボックスをオフにすると、MERGEFORMAT スイッチは含まれなくなります。

▸▸独自のプロパティを設定する

「4.2 クイックパーツで文書のメタ情報を埋め込む」では、クイックパーツを利用して文書のプロパティを取り込む方法を紹介しました。もし、これらの標準プロパティだけでは不足という場合は、独自のプロパティを作成しましょう。

リボンの［ファイル］→［情報］→［プロパティ］→［詳細プロパティ］から開くダイアログの［ユーザー設定］タブ（図4.5）を使えば、独自のプロパティを設定できます。ここには最初からさまざまなプロパティが用意されていますが、これらはすべて見本です。これらをそのまま使ってもかまいませんし、まったく新しいプロパティを用意してもかまいません。［プロパティ名］を選ぶか新しく入力し、［種類］を選んで［値］にプロパティの値を設定し、［追加］をクリックすればプロパティを設定できます。※2

■図 4.5 ［ユーザー設定］タブでプロパティ「Version」を追加したところ

これらのプロパティは、フィールドDocPropertyを使って取り込むこと

※2 プロパティの種類は、「はい／いいえ」以外あまり気にする必要はありません。「はい／いいえ」を選んだ場合、値としては「はい」か「いいえ」しか選択できなくなります（DocPropertyを使って埋め込んだ場合、結果はそれぞれ「Y」「N」となります）。

ができます。「DocProperty プロパティ名」とすることで、指定したプロパティの値がドキュメント中に埋め込まれます。[※3]「フィールド」ダイアログ経由で埋め込む場合、設定したプロパティは選択肢中にも登場しますので、ここから選べばよいでしょう（図4.6）。

■図 4.6 ［フィールド］ダイアログによる DocProperty の設定

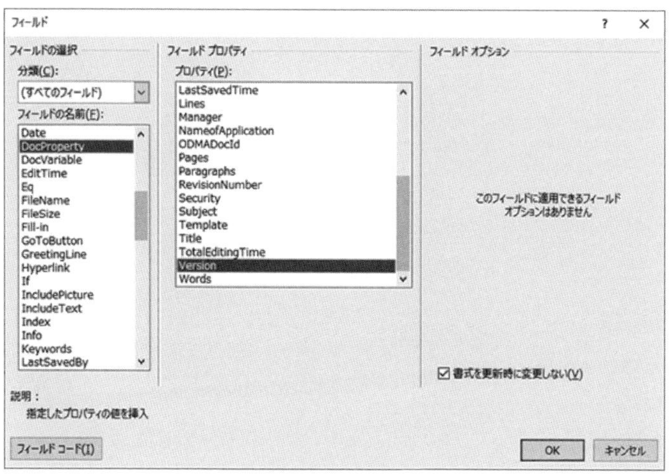

※3 プロパティ名に空白が含まれている場合、プロパティ名全体をダブルクォートでくくる必要があります（［フィールド］ダイアログ経由で埋め込んだ場合、これは自動的に行われます）。

COLUMN

標準プロパティに対応するフィールド

Word は文書の標準プロパティに対応するフィールド（表 4.2）も用意していますが、現在の Word では先に紹介したクイックパーツを使ったほうが便利です。また、「会社名」や「分類」のように、対応するフィールドが存在しない標準プロパティもあります。

■表 4.2　ドキュメントの標準プロパティを表現するフィールド

フィールド	説明
Title	タイトル
Subject	サブタイトル
Author	作成者
Keywords	キーワード
Comments	コメント

▸▸自動的に導出されるメタ情報

ファイルの作成日や最終保存日のように、ドキュメント作成／更新の過程で自動的に導出される値もフィールド経由で取り出すことができます（表 4.3）。

■表 4.3　自動的に導出されるドキュメント情報を表現するフィールド

フィールド	説明
CreateDate	作成日
FileSize	ファイルサイズ
FileName	ファイル名
NumChars	文字数
LastSavedBy	最終更新者（ユーザー情報に設定されたユーザー名が利用される）
PrintDate	印刷日（印刷していない文書では0年0月0日0時0分）
RevNum	セーブされた通算回数
SaveDate	最終保存日

たとえば、すべてのドキュメントに「更新者」や「更新日」を入れなければならないという決まりがあるとします。これらを手で毎回更新するのは、正気の沙汰とは思えません。その代わりに、それぞれ「LastSavedBy」や「SaveDate」を使いましょう。そうすれば間違いなくこれらの情報を最新かつ正確な状態に維持することができます。

なお、ドキュメントのタイトルをヘッダーやフッターに埋め込む目的でFileNameフィールドを使う人がいますが、筆者はお薦めしません。そのような目的で利用するのであれば、標準プロパティの「タイトル」にタイトルを明示的に指定し、その値をクイックパーツの「タイトル」やTitleフィールドで取り出すべきでしょう。ファイル名とはあくまでも物理的な名前であり、ドキュメントのタイトルとしては不適切だからです[※4]。

4.3.2

ブックマークの使い方

ブックマークは極めて有用であるにもかかわらず、あまり活用されていないWordの機能の一つです。その名前から単純な「しおり」のようなものだと思われがちですが、実は範囲を指定することによって、**指定範囲内の内容を他の場所で参照する**といった目的にも利用が可能なのです。

▸▸位置を記録するブックマーク

ブックマークの最も基本的な使い方は、その名の通り「しおり」としてドキュメント内の位置を記録するというものです。リボンの［挿入］タブの［リンク］→［ブックマークの挿入］を選択すると図4.7のような［ブックマー

※4　ドキュメントのタイトルとして使われる文字列に拡張子「.docx」が含まれているというのも不格好です。

ク］ダイアログが開きますので[※5]、ここで任意のブックマーク名を入力して［追加］をクリックすれば、現在のカーソル位置にブックマークが挿入されます。ブックマークは目には見えませんが、［Wordのオプション］の［詳細設定］→［構成内容の表示］にある［ブックマークの表示］（第2章参照）をオンにしておけば、グレーの「I」という記号で表現されるようになります（図4.8）。

■図4.7　［ブックマーク］ダイアログ

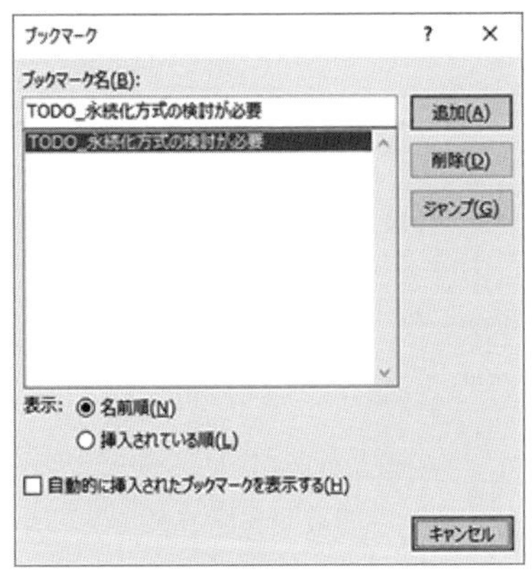

■図4.8　設定されたブックマーク

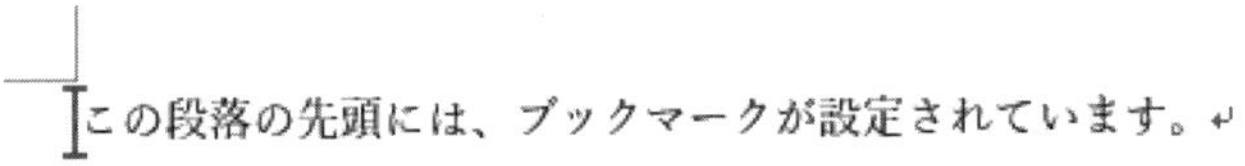

Iこの段落の先頭には、ブックマークが設定されています。↵

このように設定したブックマークは、ドキュメント内での移動に利用できます。Ctrl＋Gを押すと［検索と置換］ダイアログの［ジャンプ］タブが開きますが、このタブ内の［移動先］から［ブックマーク］を選んで移動先のブックマークを選択すると、指定したブックマークの位置へとカーソル

※5　ショートカットキーとしてCtrl＋Shift＋F5を利用できます。

が移動します。

▸▸内容を記録するブックマーク

ブックマークのもう一つの使い方は、特定の範囲を記録するというものです。特定の領域を選択した上でブックマークを設定すると、選択された範囲を保持するブックマークが新しく作成されます。もしブックマークを表示するように設定していれば、ブックマークはグレーの「[」および「]」でくくられた領域として表現されます（図4.9）。

■図 4.9　ブックマークの範囲の表示

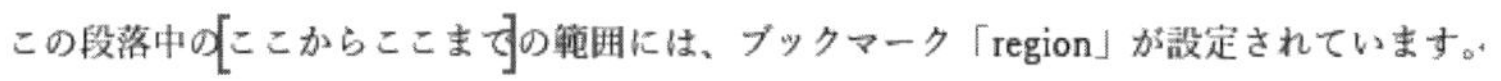

この段落中の[ここからここまで]の範囲には、ブックマーク「region」が設定されています。

ブックマークした領域の内容は、Refフィールド経由で取り込めます。［フィールド］ダイアログで「Ref」を選択し、一覧から挿入したいブックマークを選んで［OK］をクリックすると、指定されたブックマークの内容がその場所に挿入されます（表示されない場合は F9 で更新してください）。ドキュメント中で同じ内容を何度も記述する、あるいは前に記述した内容を後から引用するといったケースでは、ブックマークを利用することで記述内容の一元管理を実現できます（図4.10）。

■図 4.10　ブックマークの内容を Ref で取り込む

{ REF region }
ここからここまで

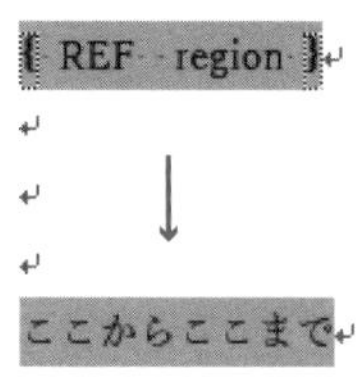

▸▸ブックマークに値を直接割り当てる

フィールドSetを利用すれば、ドキュメント内に存在しない文字列でもブックマークに設定できます。ドキュメント内の特定の範囲を参照する通常のブックマークが「変数」だとすれば、Setはドキュメント内で利用する値を事前に定義しておく「定数」のような存在だと言えるでしょう。

Setの使い方は簡単で、「Set ブックマーク名 値」をドキュメント中に埋め込むだけです。これによって、指定されたブックマークに任意の値を設定できます。設定した場所を後から見失わないように、Setはドキュメントの先頭付近にまとめて配置しておくことをお薦めします。

4.3.3

フィールドを使って計算を実現する

フィールド「=」を利用すると、その内部で計算式を利用できます。単純な四則演算はもちろん、条件判断もサポートされています。

計算式中に値を直接埋め込むこともできますが、それではあまり意味がありません。「=」が真価を発揮するのは、ドキュメント中の他の部分に記述された値を取り出し、その値を使って計算を行うといった局面です。Excelでは普通に行うことですが、Wordでもちょっと工夫するだけで、似たような処理を行えるのです。

Excelはセル参照でセルの値を取り出しますが、Wordではブックマークを使います。つまり、計算で利用したい値をブックマークしておき、計算式の中でブックマーク参照を利用することで、その値を演算対象とするわけです。DocPropertyを使えば、文書のプロパティの値を演算対象とすることも可能です。

たとえば、ブックマーク「size」の内容に5を加えた結果が必要であれば、「{ = { Ref size } + 5 }」といったフィールドコードを利用します。これはブックマーク「size」の内容を「{ Ref size }」によって取り出し、その結果に「5」という値を加算することを意味しています。実は「=」はブックマーク名を自動的に展開するので、明示的にRefで値を取り出す必要はありません。つまり先に挙げた「{ = { Ref size } + 5 }」という例は、単に「{ = size + 5 }」と書いても動作することになります。同様に、独自に設定した文書のプロパティ「rate」の値を2倍した結果をドキュメント中に埋め込みたければ、「{ = { DocProperty rate } * 2 }」を利用することになるでしょう（残念ながら、こちらはDocPropertyを使って明示的に値を取り出す必要があります）。

条件判断が必要な場合は、Ifを使ってください。Ifは第一引数として記述した式の値が真なら第二引数の値を、そうでなければ第三引数の値を返すというフィールドです（各引数は空白で区切ります）。ブックマーク「size」の値が10より大きければ「○」を、そうでなければ「×」を表示したいという場合は、「{ If size > 10 " ○" " × " }」のようなフィールドコードを利用します。

4.3.4

スイッチを使う

フィールドを使って数値や日付をドキュメント中に埋め込む場合、フィールドコード内にスイッチを追加することで、その表現方法を指定できます。Wordのスイッチにはさまざまなものがありますが、ここではその一部をかいつまんで紹介します。

▸▸一般書式スイッチ

一般書式スイッチは「¥* 名前」という形式で指定するスイッチで、文字列や数値の表現方法を規定します（表4.4）。たとえば、ブックマーク「foo」の値を16進表現したければ、「{ Ref foo ¥* Hex }」と指定します。

■表 4.4　一般書式スイッチ

スイッチ	意味
¥* Caps	各英単語の先頭文字を大文字に
¥* Upper	英字をすべて大文字に
¥* Lower	英字をすべて小文字に
¥* alphabetic	数値（1,2,3...）を英字（a,b,c...）に[※6]
¥* Arabic	数値をアラビア数字に
¥* Hex	数値を16進表現に
¥* OrdText	数値を序数（first, second, ...）に
¥* Ordinal	数値を算用数字の序数（1st, 2nd, ...）に
¥* roman	数値をローマ数字に
¥* Circlenum	数値を丸付き数字に（1～20まで）
¥* Dbchar	数値を全角数字に
¥* Dbnum1	数値を漢数字（一、二、三……）に
¥* Dbnum2	数値を漢数字（一、十、百……）に
¥* Dbnum3	数値を漢数字（壱、弐、参……）に

▸▸日付／時刻表示形式スイッチ

日付や時刻の表示形式は「¥@ "書式"」という形式で指定します（表4.5）。たとえば、作成日を「2020/05/21」のように表現したければ、「{ CreateDate ¥@ "yyyy/MM/dd" }」といった指定を利用することになります。

■表 4.5　日付／時刻表示形式スイッチの記法

記号	意味	記号	意味
M	月（1桁または2桁）	dddd	英語曜日の完全名
MM	月（0付きの2桁）	yy	西暦下2桁
MMM	英語月名の省略形	yyyy	西暦4桁
MMMM	英語月名の完全名	h	時間（1桁または2桁）
d	日（1桁または2桁）	hh	時間（0付きの2桁）
dd	日（0付きの2桁）	m	分（1桁または2桁）

※6　27は「aa」、30は「dd」のように、26以上の値にも対応しています（読みやすいかどうかは別にして）。また「alphabetic」と「roman」をそれぞれ「ALPHABETIC」「ROMAN」のように大文字で書くと、結果は大文字（A,B,C...）となります。

ddd	英語曜日の省略形	mm	分（0付きの2桁）

▸▸数値書式スイッチ

数値の表示形式は、「¥# "書式"」という形式で指定します（表4.6）。ブックマーク「foo」の値を小数点第一位まで表示したければ、「{ Ref foo ¥# "0.0" }」といったフィールドコードを利用することになります。

■表 4.6　数値書式スイッチの記法

記号	意味
0	桁数指定（桁数が少ない場合は0を表示）
#	桁数指定（桁数が少ない場合はスペースを表示）
x	桁数指定（桁数が少ない場合は四捨五入）
.	小数点位置の決定
,	桁区切りを行う
-	マイナス記号（正の値の場合はスペース）
+	マイナス記号（正の値の場合はプラス記号）

4.4 図表番号を使う

図や表には必ず、「図1」のようにその表に対する番号を付与しておくべきです。こうすれば、後から図／表を参照する際に番号でその図／表を指定できるからです。

もちろん、**これらの番号を手で一つ一つ振っていくのは禁物**です。もし途中で図表が増えれば、再度手で番号を振り直すはめになるでしょう。Wordを使う以上、番号は常にWordに自動的に振らせることが鉄則です。

4.4.1

図表番号とSeqフィールド

図や表に対する番号付けを、Wordでは「**図表番号**」と呼んでいます。実際には図や表に限らず、「数式1」や「例1」のように任意の概念に対して図表番号を設定できます。

Wordの図表番号は、以下の3つの部分から構成されます。

- **ラベル**：「図」や「表」のように、図表番号を大きく分類するための文字列。「例」のように新しいグループを独自に作成することも可能
- **番号**：各ラベル内での通し番号
- **説明文**：その図に対する説明。説明文は図表番号の挿入後、その段落内に直接入力する

図表番号はフィールドSeqで実現されています。このフィールドは「Seq ラベル名」という形式で使われるもので、指定したラベルに対してドキュメント全体での通し番号を振るという役割を持っています（図4.11）。

■図 4.11　図表番号の構成要素

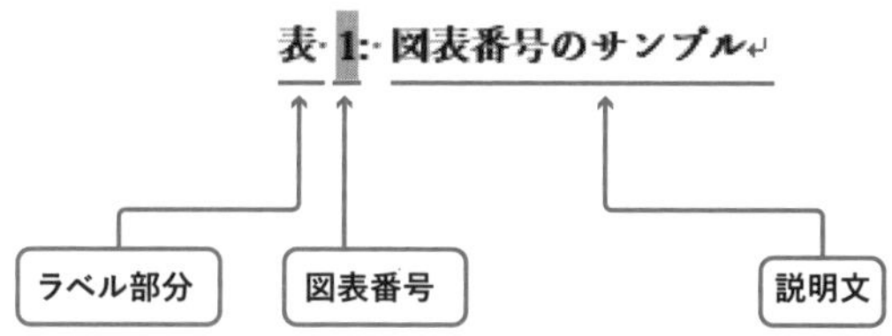

4.4.2

図表番号の挿入方法

図表番号がSeqフィールドで実現されているとは言っても、手でフィールドコードを記述する必要はありません。Wordは図表番号を挿入するためのインターフェイスを用意しているからです。

リボンの［参考資料］タブの［図表番号の挿入］を選択すると、図4.12のような［図表番号］ダイアログが開きます。ここで［ラベル］から利用するラベルを選択して［OK］をクリックすれば、「図1」や「表2」のような図表番号が挿入されます。デフォルトで用意されているラベルは「図」「数式」「表」の3種類だけですが、［ラベル名...］ボタンを使って新しいラベル（たとえば「グラフ」や「例」など）を追加することも可能です。

■図 4.12　［図表番号］ダイアログ

このダイアログの［自動設定...］ボタンをクリックすると、図4.13のような別のダイアログが開きます。ここではWord中に挿入されたオブジェクトに対して、自動的に図表番号を付与するという設定を行えます。図4.13では表に対して「表」というラベルの図表番号を自動設定するようにしていますが、これによってWordの表が挿入されると、表の下部には「表1」のような図表番号が自動的に挿入されるようになります。

■図 4.13 ［図表番号の自動設定］ダイアログ

4.5 相互参照を使う

大きなドキュメントでは、ドキュメント中の他の場所を参照するよう指示したい場合があります。たとえば、「第3章で説明した通り……」や「図2を参照」といった文言を入れるケースです。

このような参照を手で入力すると、当然ながら章名や図表番号が変更された場合、参照先の箇所も合わせて修正する必要があります。DRY原則に照らし合わせれば、これは決して容認できる作業ではありません。このために使えるのが**相互参照**です。

相互参照とは、既存の見出しや図表番号などに対する参照を、章番号や図表番号、あるいは章名としてドキュメント中に埋め込むという機能です。相互参照はフィールドRefを利用して実現されているので、仮に参照先の番号や内容が変更されたとしても、F9 をタイプすることで最新の状態に更新することができます[※7]。

4.5.1

見出しに対する相互参照

相互参照は、リボンの［参考資料］タブの［図表］から［相互参照の挿入］（図4.14）を選択すると開く［相互参照］ダイアログ（図4.15）から設定します。

■図 4.14 ［相互参照の挿入］ボタンのアイコン（バージョンによって見た目が異なります）

相互参照　Word 2019（Microsoft 365）でのアイコン

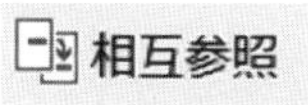

相互参照　Word 2016 でのアイコン

※7　相互参照を挿入すると、相互参照先に対してブックマークが自動的に設定され、Refでそのブックマークを参照するフィールドコードが埋め込まれます。ブックマーク作成時に使う［ブックマーク］ダイアログで［自動的に挿入されたブックマークを表示する］チェックボックスをオンにすると、相互参照が利用するブックマークも一覧に表示されます。

■図 4.15 ［相互参照］ダイアログ

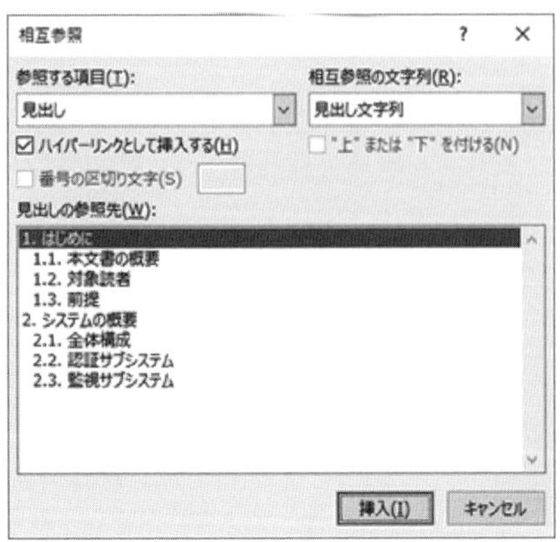

ドキュメント中で「見出し」スタイルを利用した場所は、自動的に相互参照の対象となります。［参照する項目］から［見出し］を選択すると、現在のドキュメント中の見出しの一覧が現れます。ここから参照先となる見出しを選択し、［相互参照の文字列］から形式を選択すると、ドキュメント中に相互参照が埋め込まれます。

［相互参照の文字列］にある選択肢は、それぞれ次のような意味を持っています。

- **見出し文字列**：相互参照先の見出しそのもの
- **ページ番号**：相互参照先の見出しが存在するページ番号
- **見出し番号**：相互参照先の見出しの番号（設定されていない場合は0）
- **上/下**：相互参照先が現在の位置より上にあれば「上の」、下にあれば「下の」という文字列

たとえば、「見出し1」スタイルが設定された「3. システム構成」という段落が存在し、ここに対する相互参照を設定するとします。もし「見出し文字列」として相互参照を挿入すると、結果は「システム構成」となります。一方、「見出し番号」として挿入すると、結果は「3」となります。また、「上

/下」として挿入した場合、もし参照先の段落が上にあれば「上の」が、下にあれば「下の」が挿入されることになります。

4.5.2

図表番号に対する相互参照

図表番号に対して相互参照を入れる場合は、［参照する項目］から「図」や「表」を選択してください。現在ドキュメント内に存在する図表番号の一覧が表示されるので、そこから図表番号を選択します。

［相互参照の文字列］にある選択肢の意味は以下の通りです。「ページ番号」および「上/下」は、見出しに対する相互参照と同じ意味となります。

- **図表番号全体**：「図1 システム構成図」のように、図表番号と説明文の両方を挿入
- **番号とラベルのみ**：「図1」のように、番号のみを挿入
- **説明文のみ**：「システム構成図」のように、説明文のみを挿入

4.5.3

「見出し番号」の意味に注意

「4.5.1 見出しに対する相互参照」では省略してしまいましたが、［見出し番号］には［見出し番号］［見出し番号（内容を含む）］［見出し番号（内容を含まない）］の3種類が存在します。これらの動作は一見同じように見えますが、実は「見出し」スタイルに対するアウトライン番号の振り方によって、微妙な違いが現れます。

わかりやすくするため、具体例で考えてみましょう。今、見出し構造が次のようになっており、「見出し1」には「1.」「2.」「3.」……、「見出し2」には「a.」「b.」「c.」……という番号体系が振られるとします。

1. はじめに
 a. 本文書の概要
 b. 対象読者
 :
 (●)
2. システムの概要
 a. サブシステム構成
 :
 (○)

この状態で、●および○の位置に「a. 本文書の概要」に対する相互参照を埋め込むと、結果は表4.7のようになります。

■表 4.7 相互参照の表示結果

種類	●	○
見出し番号	a	1.a
見出し番号（内容を含まない）	a	a
見出し番号（内容を含む）	1.a	1.a

[見出し番号（内容を含まない）] の場合、結果は常に参照先の見出しの見出し番号のみとなるため、●、○ともに「a」が使われます。一方、[見出し番号（内容を含む）] の場合は、まず参照先の見出しの上位に存在するすべての見出しの見出し番号を列挙し、それに参照先の見出し番号がつなげられます。「a」ではなく「1.a」になっているのは、上位である見出し1「はじめに」の見出し番号である「1.」が置かれ、続いて参照先の見出し「本文書の概要」の見出し番号「a」が続いたからです。

［見出し番号］の場合、●と○で結果が異なります。この違いは、相互参照を埋め込む場所と、相互参照先との位置関係に起因しています。より具体的には、相互参照の埋め込み先が見出しの上位階層の内部にあるかないかで差が出るようになっています。

●は「1. はじめに」の階層内部の位置にあるため、参照先の見出しの上位の見出しの番号である「1.」が付与されていません。一方、○は「1. はじめに」の階層の外部にあるため、参照先の見出しの上位の見出しの番号も付与されています。●の位置なら「a」だけでも誤認の恐れはありませんが、○の位置で「a」とだけ示されると、「a. サブシステム構成」のことだと誤認する恐れがあるからです。

見出しに対する番号に上位階層の番号も含めた場合、このような差異は発生しません。見出し1は「1.」、見出し2は「1.1.」、見出し3は「1.1.1.」……という形式であれば、どのパターンを選択しても常に同じ結果になります。ただ、後から見出しに対する番号付けの体系を変更する可能性があるのなら、常に「見出し番号（内容を含む）」を利用したほうが安全です。

第5章

テンプレートを設計する

「ドキュメントのテンプレート」と聞くと、機械的に「あれを書け」「これを書け」と指示するだけの「標準化文書」のようなものを想像して、拒否反応を起こす方がいるかもしれません。確かに、プロジェクトの規模や特性を考慮することなく、用意されたテンプレートを埋めただけのドキュメントは、何の価値も生まないモノです。しかしここで紹介するテンプレートはそのようなものではなく、美しくメンテナンス性も高いドキュメントを作成するための助けとなるものです。

本章ではドキュメント構造の検討におけるポイントについて説明した後、実際にテンプレートを作成するための方法について解説します。

5.1 ドキュメント形式の設計とは？

Wordでドキュメントを作成するなら、まずは記述するドキュメント形式の設計を行う必要があります。「ドキュメント形式の設計」と聞くと何やら大掛かりな作業に思えるかもしれませんが、そんなことはありません。ドキュメント形式の設計は、主に以下の3ステップから構成されます。

① ドキュメントの基本的な見栄えを決定する
② ドキュメント中で必要となる構成要素を検討する
③ ②で検討した構成要素それぞれに対するスタイルを用意する

「なんだか面倒そうだな」と感じるかもしれませんが、少し視点を変えて、PowerPointでのスライド作成について考えてみましょう。PowerPointで新しくスライドを作成する際、何の背景もない白紙の「新しいプレゼンテーション」を選ぶことはまずありません。通常はベースとなるデザインを選択してから、プレゼンテーションを作成し始めるはずです。PowerPointに多少なりとも慣れていればベースのデザインも直接使うのではなく、まずスライドマスタを自分好みに修正するところから始めるのではないでしょうか。

Wordでも同じです。まず基本的な見栄えを確定させてからのほうが、ドキュメント作成はずっとスムーズに進みます。もちろん途中での微調整は必要でしょうが、それでもまったく考えなしに進めるより、見栄えの統一は容易になります。

再びPowerPointの例に戻って考えてみましょう。ある程度の規模の組織であれば、コーポレートイメージに合わせたPowerPointの独自テンプレートを用意しているはずです。Wordでも同じように考えてください。個々の用途に合わせたテンプレートを作成しておけば、新しいドキュメントの作成はずっと簡単になります。本章ではこの考え方に沿って、実際にテンプレートを作成するまでの手順を説明します。

5.2 基本的な見栄えの決定

Wordドキュメントの基本的な見栄えは、以下の3つから構成されます。

- テーマ
- スタイルセット
- 「標準」スタイルのフォントサイズと行間の設定

まずはテーマとスタイルセットで基本的な見栄えを決めた後に、標準的な行間を決定します。

5.2.1

テーマとスタイルセット

現在のWordには「**テーマ**」と「**スタイルセット**」という仕組みが盛り込まれており、PowerPointのように基本的な外観を事前に決定することが可能です。これらの機能はリボンの［デザイン］タブに一通りまとまっています（図5.1）。

■図 5.1 ［デザイン］タブ。左端にテーマ、中央にスタイルセット、右側に配色パターン／フォントパターンが配置されている

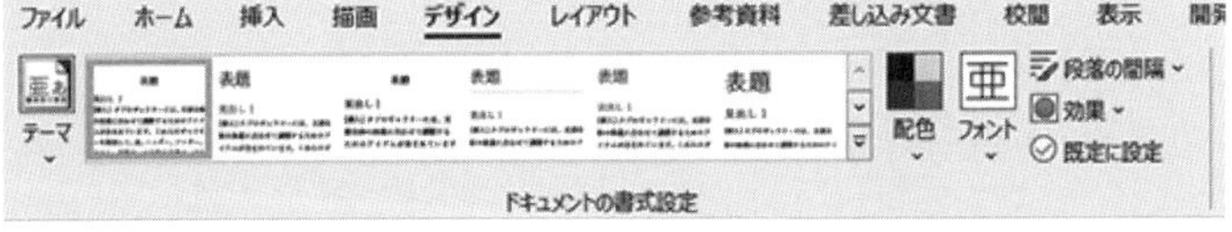

▸▸テーマとフォントパターン

Wordのテーマとは「配色パターン」「フォントパターン」「図形の特殊効果」を組み合わせたものです。まずはドキュメントで利用するテーマをリボンの［デザイン］タブにある［テーマ］から選択してください。「配色パターン」（［デザイン］タブの［配色］）と「図形の特殊効果」（［デザイン］タブの［効果］）は好みのものを選べばよいですし、後からの変更も容易ですが、「フォントパターン」は後述するように行間と大きな関わりを持つため、やや慎重に選ぶ必要があります。

フォントパターンとは、**見出し用のフォントおよび本文用のフォントの組み合わせ**を定義するものです。スタイル定義ではフォントとして「本文のフォント」や「見出しのフォント」を選択できますが、これらを定義するのがフォントパターンとなるわけです。組み込みのフォントパターンは［デザイン］タブの［テーマのフォント］から選択できますが、この最下段にある［フォントのカスタマイズ...］から独自のフォントパターンを作成することも可能です（図5.2）。

■図 5.2　［新しいテーマのフォントパターンの作成］ダイアログ

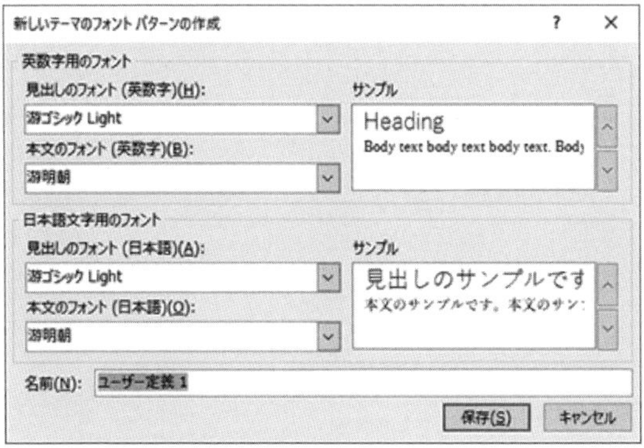

新しいテーマのフォント パターンの作成
英数字用のフォント
見出しのフォント (英数字)(H):
游ゴシック Light
本文のフォント (英数字)(B):
游明朝
サンプル
Heading
Body text body text body text. Body
日本語文字用のフォント
見出しのフォント (日本語)(A):
游ゴシック Light
本文のフォント (日本語)(O):
游明朝
サンプル
見出しのサンプルです
本文のサンプルです。本文のサン
名前(N): ユーザー定義 1
保存(S)　キャンセル

「コード例のために等幅フォントが必要」などの特殊なケースを除き、スタイルで使うフォントは「本文のフォント」か「見出しのフォント」のどちらかだけにしてください。後から気が変わっても、他のフォントパターンを選択するだけでドキュメントの見栄えを一括して変更できるからです。とはいえ、見出し系のスタイルにはデフォルトで「見出しのフォント」が設定されていますし、本文系のスタイルは「本文のフォント」が設定済みの「標準」スタイルを元に作成しますから、あまり意識する必要はありません。

▸▸スタイルセット

スタイルセットとは、**見出しなどの特定のスタイル一式に対するスタイルの事前定義**です。スタイルセットで定義されたスタイル定義を使った場合、テーマの配色パターンに基づいてフォントや罫線の色も自動的に設定・変更されます。選択可能なスタイルセットは、［デザイン］タブの中央にプレビュー付きで配置されています。

スタイルセットが持つ定義の大部分は、フォントサイズ・罫線と網かけ・行間・段落前後の間隔です。スタイルセットを切り替えるとこれらすべてが一括して上書きされるため、利用するスタイルセットを決めて行間や段落前後のマージンを調整した後では、他のスタイルセットに変更するべきではありません。

ただ、はじめてスタイルセットを使った人は、「なんだかずいぶんと間延びした外観になるな」と思うことでしょう。これには2つの理由があり、一つは後述するようにフォントと行間が合っていないため、そしてもう一つは多くのスタイルセットが「標準」スタイルに異様に大きいマージン（段落後に8ptなど）を与えているためです。ですから、「標準」スタイルの段落定義の内容は必ず確認してください。

また、多くのスタイルセットは「標準」スタイルの段落配置を［左揃え］としています。しかし段落配置が［左揃え］だと段落各行の右端が揃わなくなるため（図5.3）、これを［両端揃え］に変更しておきましょう。段落配置はスタイル定義ダイアログの［書式］の［段落...］にある［配置］で設定できます。

■図 5.3　左揃えの場合と両端揃えの場合とでの段落右端の見た目。行内の文字がすべて等幅フォントでない限り、左揃えでは右端がガタガタになる

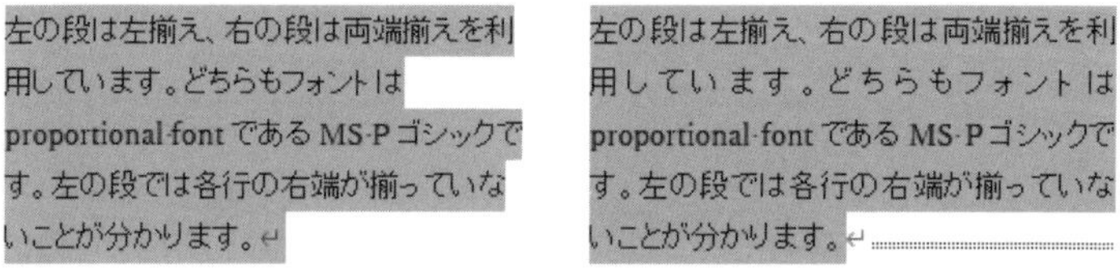

左の段は左揃え、右の段は両端揃えを利用しています。どちらもフォントはproportional-fontであるMS-Pゴシックです。左の段では各行の右端が揃っていないことが分かります。↵

左の段は左揃え、右の段は両端揃えを利用しています。どちらもフォントはproportional-fontであるMS-Pゴシックです。左の段では各行の右端が揃っていないことが分かります。↵

5.2.2

「標準」スタイルのフォントサイズと行高の設定

テーマとスタイルセットを使って基本的な見栄えを決め終えたら、次に本文のフォントサイズを決定します。

「本文」という言葉を使いましたが、実際には「本文」スタイルではなく、「本文」の元となる**「標準」スタイルのフォントサイズ**を決定してください。というのも、ドキュメント中には「本文」スタイルと各種「見出し」スタイル以外にも複数の構造がありますが、それらは基本的に「標準」を基準にして作成するためです。「本文」スタイルのフォントサイズを変更しただけでは、他に「標準」を基準にしたスタイルを定義した際、それらのスタイルのフォントサイズも変更しなければならなくなります。

COLUMN

Word の「標準」スタイルのデフォルトが 10.5pt の理由

「標準」スタイルのフォントサイズのデフォルトは 10.5pt です。この「10.5」という半端な数字は、日本の公文書で使われていた活字サイズが 5 号であり、それをポイント換算すると 10.5pt になるためです。

▸▸「行高」と「行グリッド」

「標準」のフォントサイズを決めたら、次は行間です。しかし、Wordでの行間の決定は以下に示すようになかなか厄介です。

正攻法で行間の設定を行うのであれば、まずリボンの［レイアウト］タブの［ページ設定］のダイアログボックスランチャー（右下にある四角状のボタン）をクリックし、［ページ設定］ダイアログを開きます（図5.4）。

■図 5.4 ［ページ設定］ダイアログの［文字数と行数］タブ

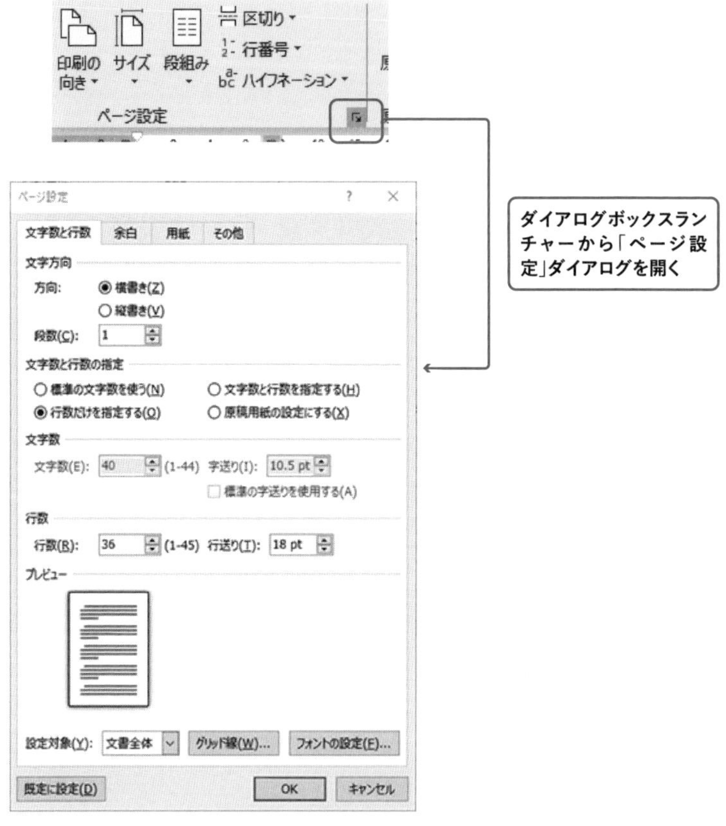

このダイアログの［文字数と行数］タブでは、「標準」スタイル換算でページ中に収める行数を指定できます。［文字数と行数の指定］で［行数だけを指定する］を選択し、［行数］を入力してください。ここで行数を変更すると［行送り］の値も変わりますが、この［行送り］の値は**各行の高さ**（行高）

を表しています。そして各行の文字は、この［行送り］で示される上下間隔のおおよそ中央に合うように配置されます。

これまではわかりやすく「行間」という言葉を使ってきましたが、Wordには「行間」、つまり縦方向での文字と文字の間隔を直接指定する方法はありません。その代わりにWordでは、**行高を決めることで行間を決定します**[※1]。また、ここで設定した行高で行同士を区切る仮想的な線を、Wordでは「行グリッド」と呼んでいます。

行グリッドを可視化するには、［ページ設定］ダイアログの［文字数と行数］タブにある［グリッド線...］から［グリッドとガイド］ダイアログ（図5.5）を開き、［行グリッド線の間隔］に「1行」を設定し、［グリッド線を表示する］をオンにして［行グリッド線を表示する間隔］に「1」を設定します[※2]。すると図5.6のような罫線が表示されますが、この罫線こそ行グリッドを示すものとなります。

注意が必要なのは、［ページ設定］ダイアログで行数を指定したとしても、その行数が1ページに確実に収まるかどうかは別問題だということです。1ページにより多くの行を収めたければ、必然的にフォントサイズもより小さくする必要があります。このダイアログで行数を増やしたからと言って、Wordが自動的にフォントサイズを小さくしてくれるということもありません。そして行数とフォントサイズの関係は、次に説明するように意外と面倒なのです。

※1 CSSのline-heightと同様の考え方です。
※2 デフォルトの間隔は、［行グリッド線の間隔］が「0.5行」、［行グリッド線を表示する間隔］が「2」なので、デフォルトのままでもかまいません。

■図 5.5 ［グリッドとガイド］ダイアログ

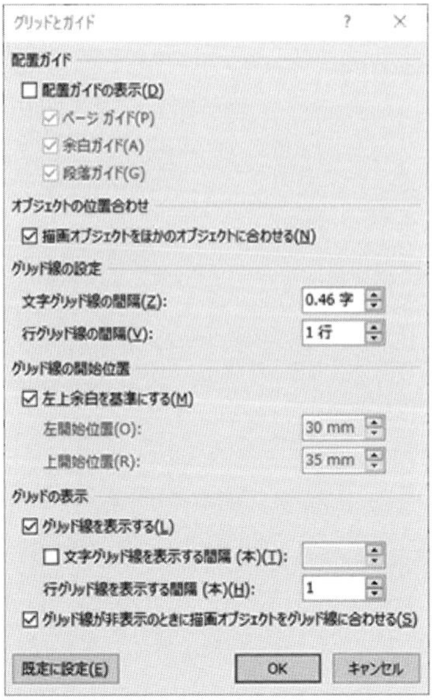

■図 5.6 行グリッドを表示した状態

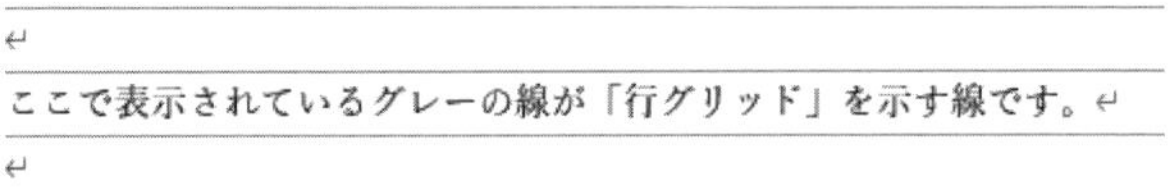

▸▸文字を行高内に収めるには？

Wordの行高が厄介なのは、「現在のフォントサイズに対して適切な行高はどの程度か」を意識しなければならないところです。なぜこれが厄介かと言うと、利用するフォントにも依存する問題だからです。

個々のフォントはそれぞれ、上下に独自の余白を持っています。従来の和文フォントでは、この余白はフォントサイズの30%程度でした。したがって10ptのフォントなら、行高が13ptであればその行に収まります。

しかしメイリオなどの最近のフォントは、フォントの余白を大きめに取る傾向にあります。事実、メイリオでは余白が95%近くもあるため、10pt

の場合は20pt程度の行高が必要です[※3]。行高がこれより小さい場合は文字が1行に収まらなくなるため、Wordは2行を使って文字を収めようとします（図5.7）。結果として、メイリオをそのまま使うと異様に行間が間延びしたドキュメントが誕生します。

■図 5.7　MS ゴシックとメイリオでの表示の違い

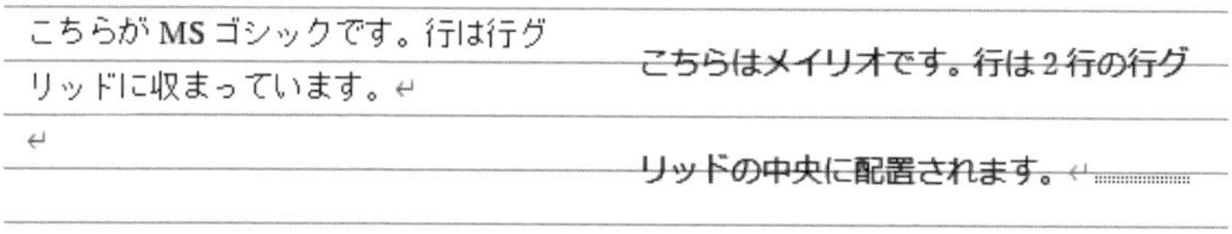

こちらがMSゴシックです。行は行グリッドに収まっています。↵

↵

こちらはメイリオです。行は2行の行グリッドの中央に配置されます。↵

ですから、行高は慎重に決定してください。行高は［ページ設定］ダイアログの［文字数と行数］タブにある［行送り］に値を直接入力することでも指定可能（この場合、［行数］が［行送り］に従って決定される）ですが、［行送り］に値を設定するのではなく、希望する行高に近くなるように［行数］を調整したほうがよいでしょう。というのも、行高を直接設定すると、ページ下部に余りが出る恐れがあるためです。行数を指定してWordに行高を調整させれば、このような余りは発生しません（図5.8）。

※3　メイリオは上部より、下部に大きな余白を取ります。これは「g」や「y」のようにベースラインから下部にはみ出す文字とのバランスを取るためです。

■図 5.8 行送りを直接指定した場合はページ末尾に余りが発生する（上）が、行数指定の場合（下）は発生しない

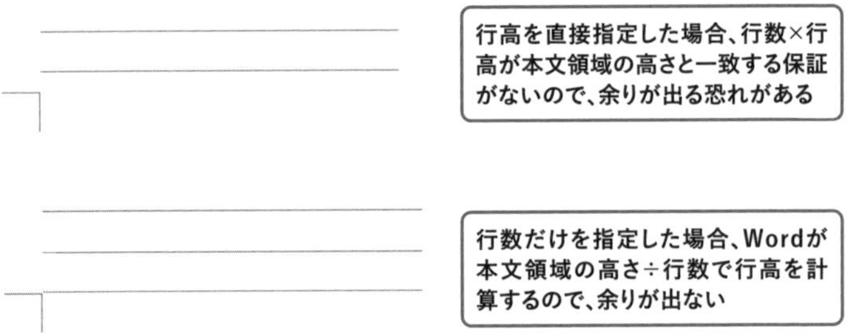

▸▸フォントサイズが異なる段落への対応

これまでに検討した行高は、「標準」のフォントサイズに合わせたものでした。しかし見出しのようにフォントサイズを大きくしたスタイルは当然ながらこの行高には収まらないため、2行（あるいはそれ以上の行）に渡って表示されてしまいます。また、逆に小さなフォントサイズのスタイルでは、行間が間延びすることになるでしょう。

この問題を回避するには、それらの段落のスタイル定義ダイアログの［段落...］にある［インデントと行間隔］タブ中の［1ページの行数を指定時に文字を行グリッド線に合わせる］チェックボックスをオフにしてください。こうすれば「標準」の行高に縛られず、当該スタイルの［行間］や［間隔］（この両設定は、スタイル定義ダイアログの「段落」の中にあります）で設定された値がそのまま使われます。

なお、段落を行グリッドに合わせない場合、英数字用と日本語用のそれぞれのフォントで上下の余白が異なると、英数字だけの段落と日本語だけの段落で行高が揃わなくなります。これを防ぐには段落の［行間］を「固定値」にした上で、そのスタイル用の行高を明示的に指定する必要があります。

5.3 スタイルの設計

ドキュメントの基本的な体裁が決まったら、いよいよスタイルの設計に入ります。Wordの機能をフルに使うのがはじめてなら、意識すべきことは山ほどあります。しかし1回でもスタイルを正しく使った経験があれば、考えなければならないことはぐっと少なくなるでしょう。

開発の現場で作成されるドキュメントにおいて、本当に必要なスタイルというのはそれほど多くありません。多くの場合、段落スタイルとして「見出し」「本文」「箇条書き」「コード例」、文字スタイルとして「強調」「コマンド名」程度があれば十分です。いったんこれらのスタイルを定義してしまえば、おそらくほぼすべてのドキュメントで同じスタイルを使い回すことが可能です。

多数のスタイルを利用した装飾過多なドキュメントより、読みやすさに重点を置いたシンプルなドキュメントを心がけることが大切です。新しいスタイルを用意する場合は、それが本当に必要なものなのか、ドキュメント全体の統一感を損なわないものなのかどうかを、常に考えてください。

テンプレートを設計する
1
2
3
4
5
6
7

5.3.1

「見出し」スタイルの形式

Wordが用意する「見出し」系のスタイルは、ドキュメントの構造を明確にするためになくてはならないものです。どのような形式のドキュメントであれ、見出しがないドキュメントなど想像もつきません。

しかし、「見出し」もただ使えばよいというわけではありません。ドキュメントの形式に合わせて、適切な外見、適切なインデントレベルを考慮する必要があります。見出しの視認性はドキュメントの読みやすさに大きな影響を与えますから、決しておろそかにはできません。

以下では、「要件定義書」や「アーキテクチャ説明書」のようなある程度の分量（20ページから100ページ超）が見込まれるものを「大型ドキュメント」、「会議での説明資料」や「技術メモ」といった多くても5ページ程度のものを「小型ドキュメント」とし、それぞれについて最適な見出しの外観を検討してみます。

▸▸見出しの構成方法

見出しのレベルはデフォルトで9レベルまで用意されていますが、すべてを利用する必要はありません。見出しとして有用なのは、せいぜい4レベルまでです。それ以上の見出しを使ってしまうと、見出しのネストが深くなって読みづらいドキュメントとなるでしょう。低いレベルを必要とする場合は、見出しの外観を入念に設計し、読みにくくならないよう注意してください。

「見出し」の外観は、ドキュメントの用途やサイズに応じて変化を持たせましょう。大型ドキュメントでは図5.9のように、多少大げさな外観を採用すればよいでしょう。一方、小型ドキュメントでは図5.10のように、フラットな形式の見出し構成で十分です。

■図 5.9 大型ドキュメントに向いた、多少オーバーな見出しの外観

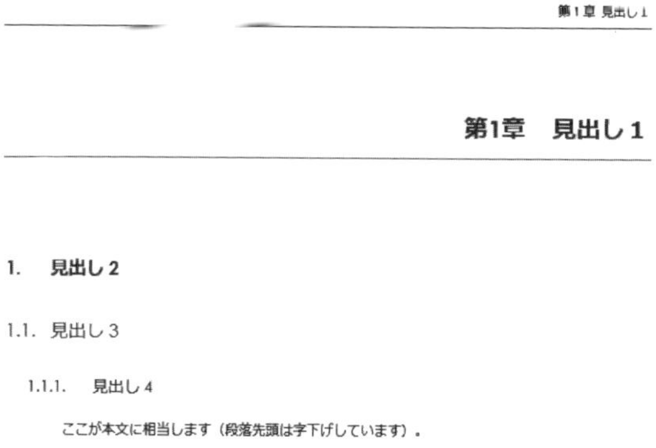

第1章 見出し1

第1章 見出し1

1. 見出し2

1.1. 見出し3

1.1.1. 見出し4

ここが本文に相当します（段落先頭は字下げしています）。

■図 5.10 小型ドキュメントではフラットな形式のほうが読みやすい

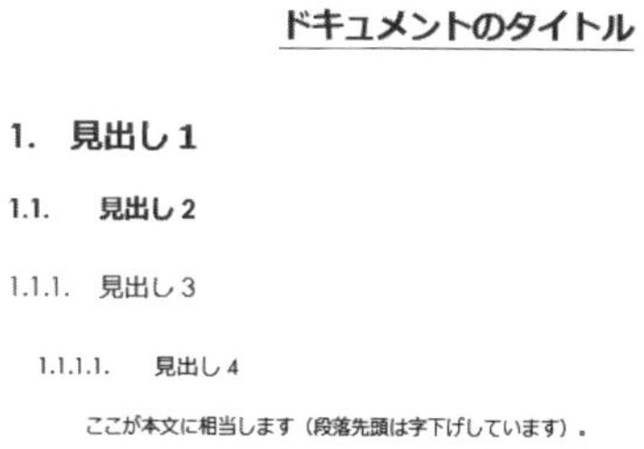

ドキュメントのタイトル

1. 見出し1

1.1. 見出し2

1.1.1. 見出し3

1.1.1.1. 見出し4

ここが本文に相当します（段落先頭は字下げしています）。

見出しの外観では、見出しレベルに応じたフォント設定も重要なポイントとなります。上位レベルの見出しほど大きなサイズのフォントを使うことが鉄則ですが、極端に大きなフォントを使うと見出しだけが目立って不格好になります。図5.9では、表5.1のようなフォントサイズとウェイトを利用しました。見出し2と見出し3は同じフォントサイズですが、見出し2は太字、見出し3は通常のウェイトとすることで、見出し2を目立たせています。

■表 5.1　図 5.9 の外観で利用したフォントサイズとウェイト

見出しレベル	サイズ
見出し1	16ポイント、太字
見出し2	12ポイント、太字
見出し3	12ポイント
見出し4	10.5ポイント

▸▸見出し番号の付与

見出しに見出し番号を付与するには、リストスタイルの各レベルに対して、対応する「見出し」スタイルを指定します。これは第3章の「リストスタイルの使い方」(78ページ) で説明した［アウトラインの修正］ダイアログを使って行います。

まず［ホーム］タブの［段落］にある［アウトライン］(図5.11) から［新しいリストスタイルの定義...］を選択し、［新しいリストスタイルの定義］ダイアログを表示します。そして［新しいリストスタイルの定義］ダイアログの左下にある［書式］から［箇条書きと段落番号...］を選択して［アウトラインの修正］ダイアログを開いてください。

このダイアログ下部の［オプション>>］をクリックするとダイアログ右側に隠されていた設定項目が開きますから、ここの［レベルと対応付ける見出しスタイル］を使って、各レベルに対する「見出し」スタイルを結び付けていきます。レベル1に対しては「見出し1」を、レベル2に対しては「見出し2」を……というように、見出しのレベルとアウトラインのレベルを合わせて設定してください。「見出し」スタイルが適用されたレベルには、図5.12のように割り当てられた「見出し」スタイルがプレビュー中に表示されます。

■図 5.11　［アウトライン］ボタンのアイコン

■図 5.12 アウトラインに割り当てられた「見出し」スタイル

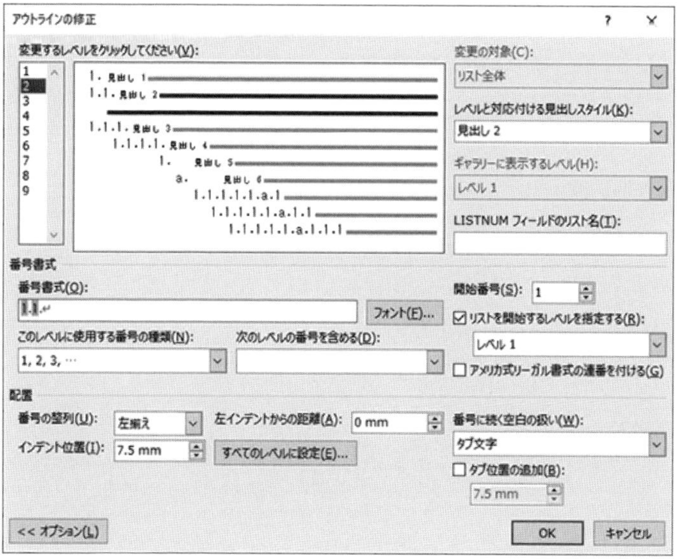

アウトラインの修正
変更するレベルをクリックしてください(V):
1.見出し 1
1.1.見出し 2
1.1.1.見出し 3
1.1.1.1.見出し 4
I.見出し 5
a.見出し 6
1.1.1.1.1.a.1
1.1.1.1.1.a.1.1
1.1.1.1.1.a.1.1.1
変更の対象(C):
リスト全体
レベルと対応付ける見出しスタイル(K):
見出し 2
ギャラリーに表示するレベル(H):
レベル 1
LISTNUM フィールドのリスト名(T):
番号書式
番号書式(O):
1.1.
フォント(F)...
このレベルに使用する番号の種類(N):
1, 2, 3, …
次のレベルの番号を含める(D):
開始番号(S): 1
リストを開始するレベルを指定する(R):
レベル 1
アメリカ式リーガル書式の連番を付ける(G)
配置
番号の整列(U): 左揃え
左インデントからの距離(A): 0 mm
インデント位置(I): 7.5 mm
すべてのレベルに設定(E)...
番号に続く空白の扱い(W):
タブ文字
タブ位置の追加(B):
7.5 mm
<< オプション(L)
OK
キャンセル

見出し番号の振り方には「1.」「1.1.」「1.1.1.」……のように「上位のレベルの番号も含める派」と、「I」「1」「ア」……のように「レベルに応じて番号の振り方を変える派」という2つの流儀が存在します。筆者は「手元の資料の『3.4. ネットワーク構成』を参照ください」のようにドキュメント中での場所の指定が簡単になることから、前者のスタイルを好んで利用します。

大型ドキュメントの場合、番号の振り方にもちょっとした工夫が必要です。たとえば、「上位のレベルの番号も含める」形式で番号を振るにしても、見出し1の番号は含めないという方法が考えられます（図5.9ではこの方式を採用しています）。見出し1をドキュメント中の大きな括りとして扱う場合、こうすれば見出し2以降の番号が間延びせず、すっきりと見えます。このようなケースでは、見出し1の番号の振り方を「第1章」や「Chapter 1」のようにしても面白いでしょう。また、見出し4のような小さい見出しには、あえて番号を付与しないという方法も考えられます。

このように、見出しの番号の振り方にもいろいろなバリエーションが存在します。市販の書籍などの番号の振り方を参考にして、個々のドキュメントに合った方式を探してみてください。ただし、「4.5 相互参照を使う」で説明した相互参照と一番相性がいいのは「上位のレベルの番号もすべて含める」方式であることは申し添えておきます。

▸▸見出しのインデント付け

各レベルの見出しにインデントを付与しておくと、見出しを識別しやすくなり、読みやすさも向上します。しかしすべての見出しにインデントを付与すると、低いレベルの見出しのインデントが深くなりすぎて、不格好なドキュメントになってしまいます（図5.13）。

■図 5.13　見出しのインデントが深すぎるドキュメント

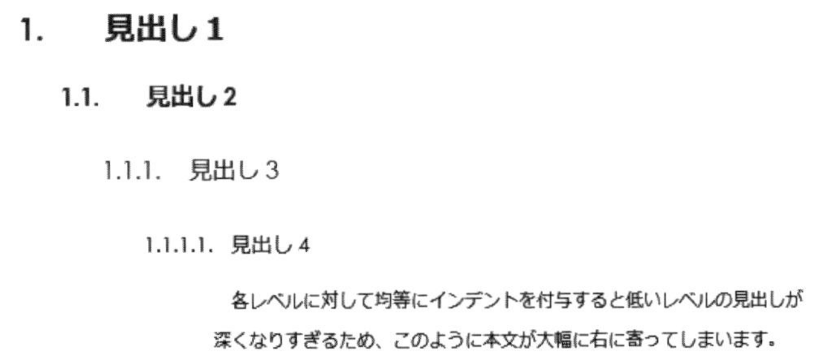
1.　見出し1

1.1.　見出し2

1.1.1.　見出し3

1.1.1.1.　見出し4

各レベルに対して均等にインデントを付与すると低いレベルの見出しが
深くなりすぎるため、このように本文が大幅に右に寄ってしまいます。

先に挙げた図5.9では、見出し1は右寄せ、見出し2と見出し3はインデントなし、見出し4には若干のインデント付けを施しました。本文に相当する部分を大きくインデント付けすることによって、見出しを全体的に左に飛び出した格好にし、視認性を向上させているのがポイントです。

見出しと本文のインデントレベルが同じだと、見出しが埋没してしまいます。また、本文よりも見出しのインデントが大きいようなドキュメント（図5.14）は、どう考えてもスマートとは言えません。

ただ、本文を含めたインデントの調整は後述するように意外と煩雑なので、あえて見出しや本文にインデントを付けない方法も考えられます（本書もそうですね）。この場合はフォントサイズはもちろん、罫線や網かけ、見出しのマージンを駆使して、見出しを目立たせる工夫が必要です。

■図 5.14　本文よりも見出しのインデントが深いドキュメント

1.　見出し 1

上位のレベルの見出しのインデントレベルに本文のインデントを合わせると…

1.1.　見出し 2

1.1.1.　見出し 3

本文と見出しのインデントの深さが同じになってしまい、見出しが目立ちません。

1.1.1.1.　見出し 4

もちろん、本文より見出しのインデントのほうが深いのは不恰好です。

5.3.2

本文として使うスタイルの準備

見出しスタイルと合わせて検討すべきなのが、本文を表現するスタイルです。本文はドキュメント中の最大の分量を占める最重要スタイルですから、おろそかにはできません。

Wordには「本文」と「本文字下げ」という2種類のスタイルが最初から用意されていますから、本文にはこのどちらかを利用します。第3章で説明した通り、「標準」スタイルはほぼすべてのスタイルの親となっていますので、これを本文のスタイルとして直接利用することは避けてください。

▸▸段落区切りの表現方法

本文となるスタイルに対して最初に検討すべきは「段落の区切りをどう表現するか」です。段落の区切りの表現としては、以下の2つの方法が考えられます。

段落の間に空行を挟む

欧文ドキュメントで最も広く使われているのがこの形式です。大多数のWebブラウザがHTMLのp要素の前後に1行分のマージンをレンダリングするのは、この形式に由来しています。この場合は「本文」スタイルを利用し、段落前または段落後に1行分の間隔を追加で設定します。

段落先頭を字下げする

和文ドキュメントの基本となるスタイルです。欧文ドキュメントでも、書籍のように紙幅に制限がある（ページ数の増加がコストに直結する）媒体ではこちらが利用されます[※4]。この場合は「本文字下げ」スタイルを利用します。

どちらを利用するかは、純粋に好みの問題です。ただし、この両方を採用した形式（段落の間に空行を挟みつつ、段落先頭の字下げも行う）は和文／欧文ともにまず使われませんから、決して採用しないでください。

▸▸本文のインデントをどのように設定するか

見出しをより目立たせるべく、図5.9のように本文部分にインデント付けをするにはどうすればよいでしょうか。最初に思いつくのは「本文」にインデントを加えてしまうという方法ですが、これはお薦めできません。箇条書

※4 欧文ドキュメントでは、最初の段落では字下げを行わず、次の段落からのみ字下げを行うスタイルが一般的です。最初の段落は段落の開始位置が常に明確なので、字下げをする必要がないというのがその理由です。残念ながら、Wordでこれを簡単に行う方法はありません。最初の段落のみ「本文」を使い、他の段落は「本文字下げ」を使う必要があります。この場合は各「見出し」の「次の段落のスタイル」を「本文」にし、「本文」の「次の段落のスタイル」を「本文字下げ」にしておけば、両者の切り替えは多少簡単になります。

き／段落番号にリストスタイルを使う場合、リストスタイルのレベルは適用された段落のインデントに依存して決まるからです（図5.15）。

■図 5.15　インデントした段落にリストスタイルを適用すると、下位の行頭文字／箇条番号が使われてしまう

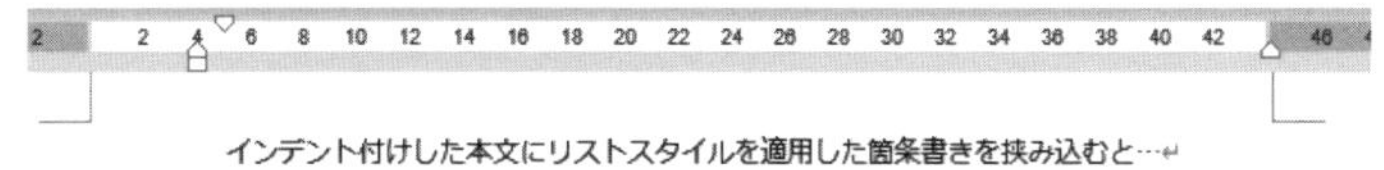

本書でお薦めするのは、ページ設定で左側の余白を大きく取るという方法です。その上で、見出しスタイルのインデントを「マイナス方向に」設定します（図5.16）。つまり、見出しを左側の余白に飛び出させることによって、相対的に本文をインデント付けするのです[※5]。

■図 5.16　左側の余白を広くしてインデントに見えるようにした例（[Wordのオプション] の [詳細設定] の [構成内容の表示] で [文字列表示範囲枠を表示する] をオンにした状態）

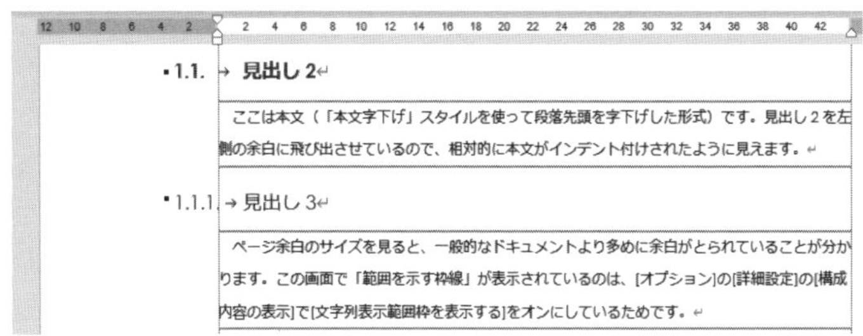

※5　ただしこの方法は、Wordの下書き表示とは極めて相性が悪いのが欠点です。Wordの下書き表示はページ範囲のみ表示するので、余白からはみ出した部分（見出し番号）が断ち切られてしまうためです。

5.3.3

その他の段落スタイル

見出しと本文のスタイルが決まったら、それ以外のスタイルを設定していきましょう。

▸▸箇条書き／段落番号の定義方法

箇条書きに類する構造としては、「連番なしの箇条書き（図5.17)」と「連番付きの箇条書き（図5.18)」の2種類があればまず十分です。リストスタイルとして、この2パターンを用意しておきましょう。

1
2
3
4
5
6
7
テンプレートを設計する

■図 5.17　連番なしの箇条書きスタイル（HTML の ul 要素に相当）

- → 第 1 レベルの箇条書き↵
  - → 第 2 レベルの箇条書き↵
    - ◊ → 第 3 レベルの箇条書き↵
  - → 第 2 レベルの箇条書き↵

■図 5.18　連番付きの箇条書きスタイル（HTML の ol 要素に相当）

1. → 連番付きの箇条書き（第 1 レベル）↵
   a. → 連番付きの箇条書き（第 2 レベル）↵
      1) → 連番付きの箇条書き（第 3 レベル）↵
   b. → 連番付きの箇条書き（第 2 レベル）↵

▸▸コード例用のスタイル

我々が作成するドキュメントには、コード例やコマンド実行例といった表現が頻繁に登場します。ですから、これらを表現するためのスタイルを用意しておくべきです。この手のスタイルでは当然ながら、等幅系のフォントを利用します。

図5.19にコード例用のスタイルの例を示しました。Javaなどでは長いクラス名や変数名が使われるケースが多いので、英単語の途中でも強制的に改行が発生するようにしたほうが見やすいでしょう。これはスタイル定義ダイアログの［段落...］から［体裁］タブを選び、［英単語の途中で改行する］をオンにすることで行えます（図5.20）。

■図 5.19　コード例用のスタイル

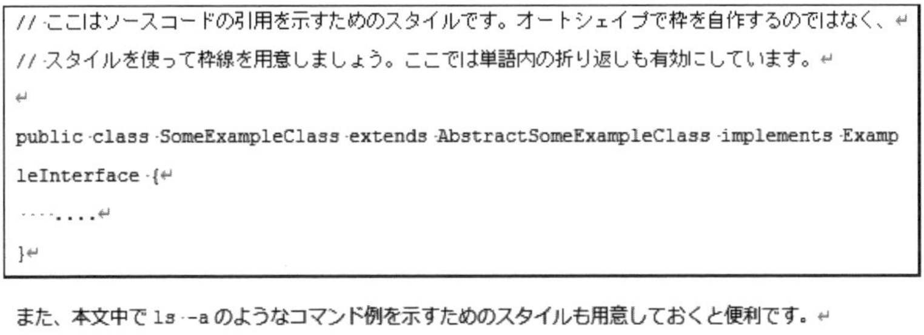

```
// ここはソースコードの引用を示すためのスタイルです。オートシェイプで枠を自作するのではなく、
// スタイルを使って枠線を用意しましょう。ここでは単語内の折り返しも有効にしています。

public class SomeExampleClass extends AbstractSomeExampleClass implements Examp
leInterface {
    ....
}
```

また、本文中で ls -a のようなコマンド例を示すためのスタイルも用意しておくと便利です。

■図 5.20　英単語の途中でも強制的に改行を行わせるための設定

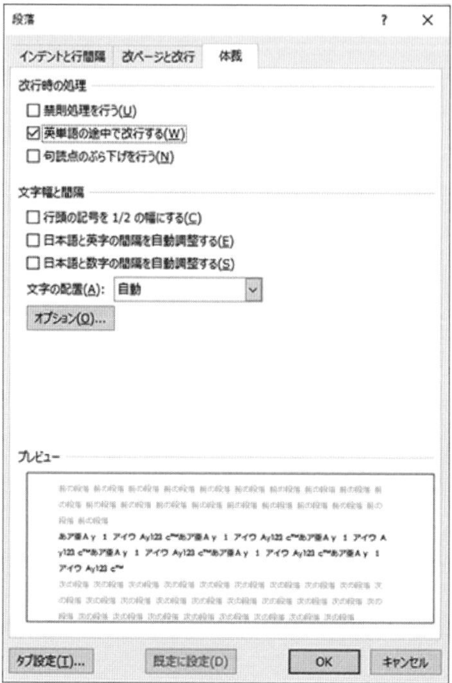

また、コード例内の桁を厳密に揃えるためには、以下の対応も必要となります（図5.20はこれらも反映しています）。

- ［段落...］の［体裁］タブ中にある［日本語と英字の間隔を自動調整する］および［日本語と数字の間隔を自動調整する］の両チェックボックスをオフにする（これらが有効な場合、英数字と日本語の文字の間に自動的に間隔が挿入されるため、桁が揃わなくなる）
- 同じく、［禁則処理を行う］と［句読点のぶら下げを行う］もオフにする（行末にピリオドなどが入った場合に、それらを収めるために文字間隔が詰められることを防ぐ）
- コード例中に日本語と英語を混在させる可能性がある場合は、日本

語と英語で同じフォントを設定する（フォントが異なると、日本語／英語で桁が揃わない）

コード例用のスタイルと合わせて、文中でコマンドやファイル名を表現するための文字スタイルも作成しておくとよいでしょう。コード例用のスタイルと同様、等幅系のフォントを利用するだけのスタイルですが、一つ用意しておくと便利です。図5.19中の「ls -a」には、このコマンド表現用のスタイルを適用しています。

5.3.4

強調を行う文字スタイル

Wordは最初から強調を行う文字スタイルとして「斜体」や「強調太字」を用意していますが、日本語のドキュメントで強調を行う場合は「強調太字」スタイルだけを利用してください。欧文ドキュメントでは強調としてイタリック体[※6]やボールド体を使いますが、日本語の印刷物で強調のために斜体を使うことはまずありえないためです。メイリオのような近年のフォントには、そもそも斜体が用意されていません。

また、Wordの「強調太字」は単純に当該部分のフォントを太字にするだけの文字スタイルですが、残念なことに日本語の文字を太字にしても、印刷時には思ったほどの強調効果は得られません。もし本文を明朝体、見出しをゴシック体としているのなら、「強調太字」スタイルのフォントに「見出しのフォント」を設定するとよいでしょう。この方法なら、フォントパターンを変えてもデザインの統一が維持されます。本文と見出しで同じフォントを

※6 欧文フォントでは、広義の「斜体」はイタリック体とオブリーク体の2つに分かれます。イタリック体は筆記体に由来する独自のデザインを持つ書体であり、日本語の斜体のように単純に既存の文字を傾けたものはオブリーク体と呼ばれます。

使っているのなら、見出しで利用する色を「強調太字」スタイルに割り当てるといった方法もあります。

5.4 ドキュメントとしての体裁を整える

真に読みやすいドキュメントは、スタイルを設計しただけでは実現できません。ヘッダーやフッター、表紙など、ドキュメントとしての体裁にも気を配る必要があります。

5.4.1

Wordのページ設定の基本

Wordのページ設定は、先に紹介した［ページ設定］ダイアログで行います。大抵の人は、用紙の余白を設定する程度にしかこのダイアログを使っていません。Excelならそれでも許されるでしょう。しかし、Wordではもっと多彩な設定が行えるのですから、使わない手はありません。

▸▸印刷形式の設定

［ページ設定］ダイアログ（図5.21）の［余白］タブ中央には、印刷形式を指定するためのドロップダウンリストがあります。ここには、以下の選択肢が用意されています。

・**標準**：片面印刷用の設定。すべてのページで同じ余白の設定が利用

される

・**見開きページ**：両面印刷用の設定。見開きの左右のページで、左右の余白を変えることができる

・**袋とじ**：その名の通りの「袋とじ」で、用紙1枚につき2ページを印刷する前提での設定。「見開きページ」同様、左右のページの余白を変えることができる

・**本**：片面2ページ、両面で合計4ページを印刷する設定

■図5.21　[ページ設定] ダイアログの [余白] タブ

印刷形式を変更すると、余白の設定項目がこっそり変わるところに注意してください。印刷形式が「標準」の場合の余白の設定は「左」「右」ですが、「見開きページ」にするとこれらは「内側」「外側」に変わります（図5.22）。「5.3.1『見出し』スタイルの形式」で例に出した「小型ドキュメント」であ

れば、片面印刷が前提の「標準」でも問題ありません。しかし「大型ドキュメント」では印刷を想定してぜひ「見開きページ」を利用してください。そのほうが、印刷後にはずっと読みやすくなるはずです。

■図 5.22 「標準」と「見開き」での余白設定の違い

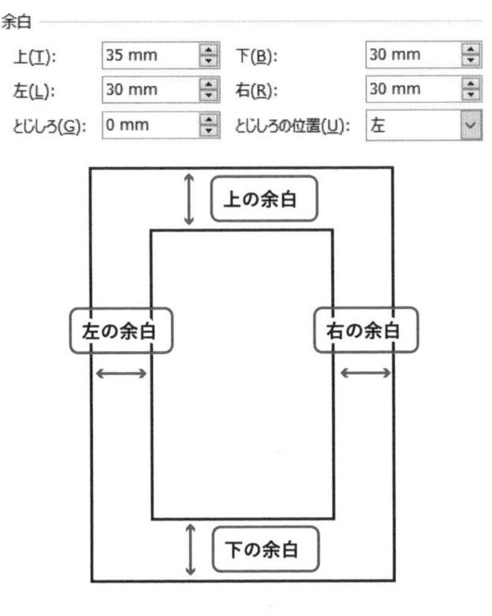

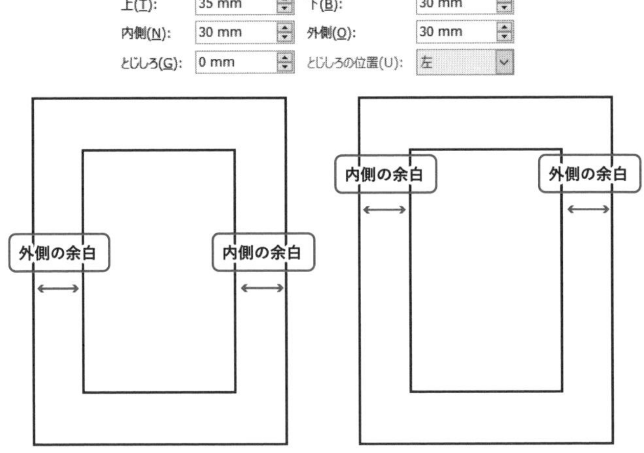

なお、印刷が見込まれる場合は「とじしろ」にも留意しましょう（図5.23）。「とじしろ」とは要するに、ページをとじ込む際に「無駄にする」ための領域です。片面印刷が前提の「標準」の場合、ページの上下左右のどこにとじしろを確保するかを指定します。一方、両面印刷が前提の「見開きページ」ではとじしろは常に内側に取ることになりますから、とじしろの位置は固定で変更できないようになっています。

■図 5.23　Wordの「とじしろ」の意味

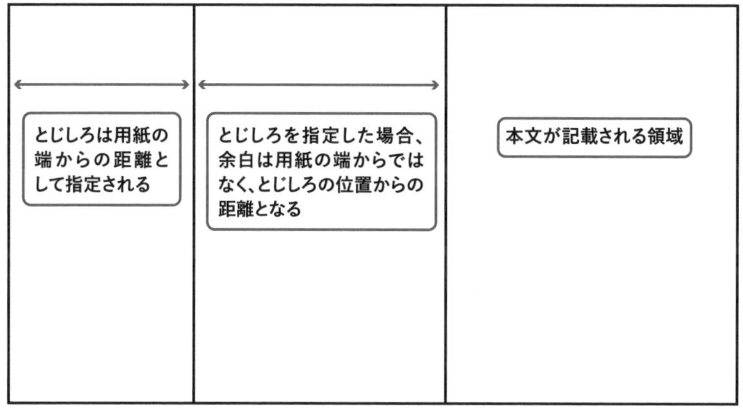

▸▸見開きを意識したヘッダー／フッターの指定

Wordでは、見開きを意識したヘッダー／フッターの指定も行えます。見栄えのよいドキュメントを作成するなら、これを使わない手はありません。この設定は、［ページ設定］ダイアログの［その他］タブから行います（図5.24）。

■図 5.24　［ページ設定］の［その他］タブ

［奇数/偶数ページ別指定］をオンにすると、見開きの左右で異なるヘッダー／フッターを設定可能です。これによって左右のページでページ番号の位置を変えたり、ヘッダーに配置する情報を異なるものにしたりといったことを実現できます。見開きを想定したドキュメントであれば、ヘッダー／フッターは左右のページで別々のものとしておきましょう。少なくとも左側のページではページ番号を左寄せに、右側のページではページ番号を右寄せに、といった程度の工夫は施しておきたいものです。

また、［先頭ページのみ別指定］をオンにすると、最初のページのヘッダー／フッターのみを、それ以降のヘッダー／フッターとは別の内容にすることができます。こちらは見開きより、片面印刷の場合に有効でしょう。

たとえば、ヘッダーにはドキュメントのタイトルを入れるとします。しかし1ページ目にタイトルがでかでかと書かれている場合、そのページのヘッダーにもタイトルが入っている（図5.25）のは、何とも残念な感じがしませんか。ここで［先頭ページのみ別指定］を使えば、1ページ目のヘッダーは空に、2ページ目以降はヘッダーにタイトルを……といったことが実現できます。

■図 5.25　本文とヘッダーとでタイトルが重複しているドキュメント

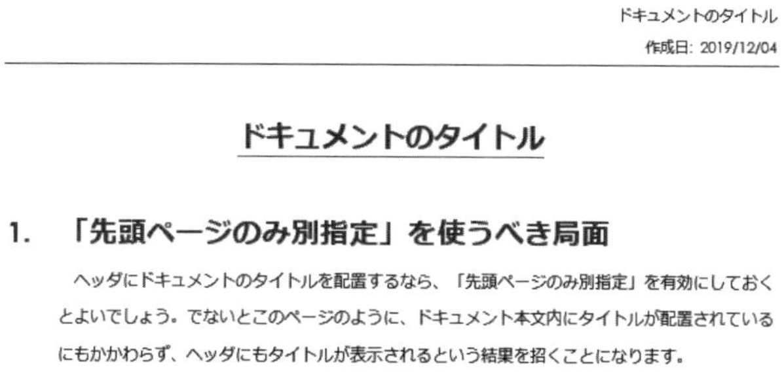

ドキュメントのタイトル
作成日: 2019/12/04

ドキュメントのタイトル

1.　「先頭ページのみ別指定」を使うべき局面

ヘッダにドキュメントのタイトルを配置するなら、「先頭ページのみ別指定」を有効にしておくとよいでしょう。でないとこのページのように、ドキュメント本文内にタイトルが配置されているにもかかわらず、ヘッダにもタイトルが表示されるという結果を招くことになります。

5.4.2

セクションの使い方

Wordの「セクション」は、あまり正しく評価されていない機能であるように思えます。「よくわからないけど、Wordが勝手に挿入するもの」というイメージを持っている方も多いかもしれません。

そもそもセクションとは、Wordドキュメント中の単純な区切りでしかありません。一つのセクションの範囲は、直前のセクション区切り（あるいはドキュメントの先頭）から、次のセクション区切り（あるいはドキュメントの末尾）までとなります。したがってどのようなWordドキュメントにも、最低でも一つのセクションが存在します。セクション区切りを一つも配置しなかったドキュメントでは、ドキュメント全体が単一のセクションに含まれるからです。

Wordのページ設定の最小単位はセクションです。[ページ設定] ダイアログの各タブには [設定対象] というドロップダウンがあり、これを使えば現在のページ設定を反映する範囲を指定できます。「文書全体」を選べばドキュメント全体が対象となりますが、「このセクション」を選べば現在のセクションのみが対象となります[※7]。もちろん、「これ以降」ならば現在のセクション以降のすべてのセクションが対象となります。

セクションを使えば、ドキュメント中の個別の部分ごとにページ設定を変更できます。つまり「A4縦のドキュメントだが、一部のページだけA4横のレイアウトにする」「ドキュメント中で複数のヘッダー／フッターを利用する」などが可能となります。

▸▸セクション区切りの使い方

セクション区切りは、リボンの [レイアウト] タブの [ページ設定] にある [ページ/セクション区切りの挿入] から挿入します(図5.26)。ここには挿入可能なページ区切りとセクション区切りの一覧が現れますが、セクション区切りとして挿入可能なのは以下の4種類です。

※7 ドキュメント中にセクション区切りを一つも入れていない場合、「このセクション」は登場しません。

■図 5.26 ［ページ / セクション区切りの挿入］から挿入可能な区切り

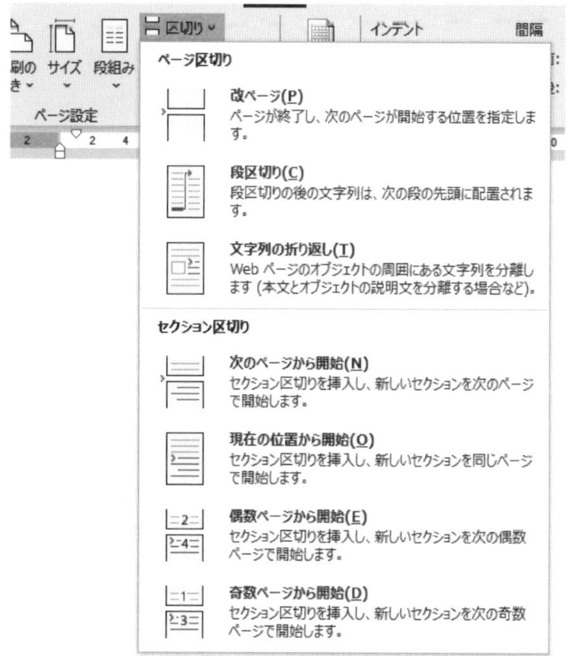

［次のページから開始］

セクション区切りが改ページとなり、新しいセクションは次のページから始まります。ドキュメント中でページ設定を変更する場合に使います。

［現在の位置から開始］

セクション区切りは改ページを行いません。新しいセクションは同一ページ内で始まります。ページ内で段組みを変える場合に使います。

［偶数ページから開始］

セクション区切りが改ページとなりますが、次のページは必ず偶数ページとなります。現在のページが偶数ページの場合、印刷時には次の奇数ページとして白紙のページが自動的に挿入されます。

［奇数ページから開始］

［偶数ページから開始］と同様、次のページは必ず奇数ページとなります。現在のページが奇数ページの場合、印刷時には次の偶数ページとして白紙のページが自動的に挿入されます。

たとえば、大きな表を入れるために1ページだけ用紙設定をA3にしたいとしましょう。そのような場合は以下のようにします。

① A3にするページの直前のページの末尾に、［次のページから開始］のセクション区切りを入れる
②次のページの末尾に、［次のページから開始］のセクション区切りを入れる
③ 2つのセクション区切りの間にカーソルを置き、［ページ設定］ダイアログを開く
④ページ設定をA3に変更し、変更適用範囲を［このセクション］にする

▸▸改ページやセクション区切りは挿入する場所に注意

改ページやセクション区切りを入れる際は、必ず段落の先頭にカーソルを置いた状態で挿入してください。入れたい位置の一つ前の段落で挿入すると、余計な空の段落が入ってしまいます（図5.27）。また、段落に見出し番号や行頭文字を設定している場合、改ページやセクション区切りは番号や行頭文字の直後に入れる必要があります（図5.28）。

なお、Wordの改ページやセクション区切りは、改行と同じように扱われます。つまり改ページやセクション区切りの直前に文字を配置することは可能ですが、改ページやセクション区切りの後ろに文字の配置はできません。

■図 5.27 セクションを入れる場所を間違うと、余計な空の段落が入る

■図 5.28 行頭文字などがある場合は、この位置でセクションの挿入を行う

5.4.3

ヘッダーとフッターの設計

ヘッダーとフッターに記述する内容を真剣に検討したことがありますか？　ヘッダーやフッターを効果的に使えば、そのドキュメントはもっと読みやすくなるはずです。ヘッダーには申し訳程度に作成者名、フッターにはでかでかと会社名だけを入れているようなドキュメントは、読み手のことを考えているとは思えません。せっかくWordを使っているのですから、ヘッダーやフッターにもこだわってみましょう。

▸▸ヘッダーに各章の見出しを入れる

長いドキュメントの場合、書籍のようにヘッダーに現在の章の見出しや

章番号を入れておくと、読みやすさや検索性が格段に向上します。このようにヘッダーに設定される情報は、一般的に「**柱**」と呼ばれています。ヘッダーには会社名や作成日といった無意味な情報ではなく、こういった有用な情報を盛り込みたいものです。

Wordで柱を実現するには、「柱作成専用」と言っても過言ではないフィールドStyleRefを利用します。図5.29を見れば想像がつくかと思いますが、このフィールドは「指定されたスタイルが設定された最寄りの段落」の情報を取り出します。スタイルとして「見出し1」を指定した場合、StyleRefを挿入した位置には現在のページの「見出し1」の内容が現れます。見開きのドキュメントを作成する場合、左側のページの柱に見出し1の内容を、右側のページの柱に見出し2の内容を表示しておけば、とても読みやすいドキュメントとなるでしょう。

■図5.29 ［フィールド］ダイアログで「見出し1」を参照するStyleRefフィールドを挿入する

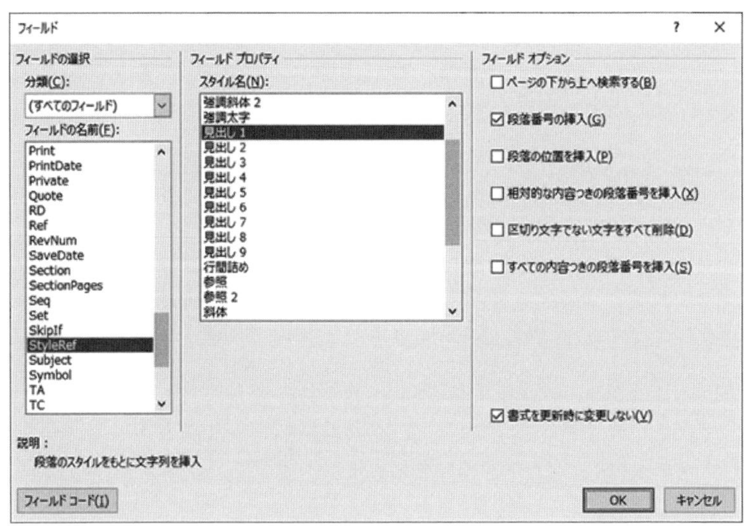

スイッチを何も指定しなかった場合、StyleRefは参照先スタイルの本文を取り出します。章番号を取り出したい場合は「¥n」スイッチを指定してください。このスイッチは、[フィールド] ダイアログでは [段落番号の挿入] として表現されています。

▸▸ドキュメントの場所に応じたヘッダー／フッター

ヘッダーやフッターは、ドキュメントのすべての場所で同じである必要はありません。**むしろドキュメントの場所に応じて、最適なヘッダーやフッターを用意するべきです。**

たとえば、表紙にヘッダーやフッターは不要です。また、前節で述べたようにヘッダーに各章の見出しを入れる場合でも、目次や索引のページには入れるべきものがないので、本文とは異なるヘッダーを使うべきでしょう。

Wordではセクション単位にヘッダーやフッターを設定可能ですが、何もしなければヘッダーやフッターは直前のセクションと同一のものになります。これは、デフォルトでは [前と同じヘッダー / フッター] という指定が付与されるためです（図5.30）。

■図 5.30 「前と同じ」と示されているヘッダー

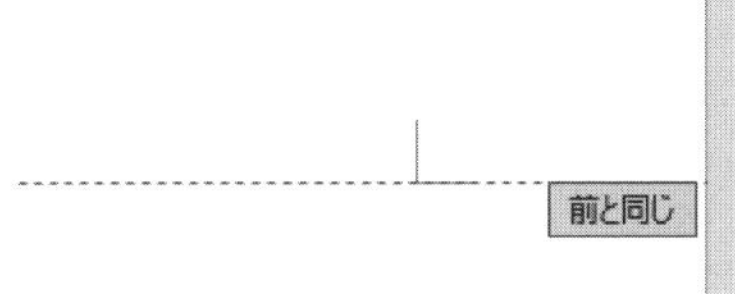

もし現在のセクションのヘッダーやフッターの内容を変更したければ、ヘッダー／フッター領域からこの [前と同じヘッダー / フッター] という指定を外さなければなりません。ヘッダー／フッター領域の編集中のみ現れる [ヘッダーとフッター] タブの [ナビゲーション] 内にある [前と同じヘッダー / フッター] の選択を外せば（図5.31）、この指定を解除できます。

■図 5.31　「ヘッダーとフッター」タブ

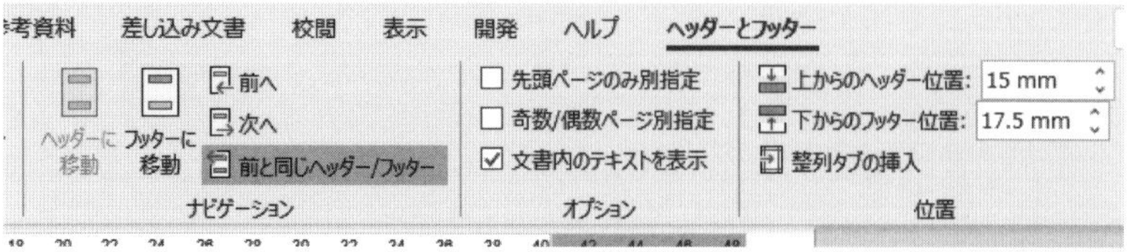

▸▸ページ番号の振り方を変える

もし手元に洋書や翻訳書があれば、その本の先頭からページ番号を注意深く見ていってください。何か気づいたことはありませんか？

ほとんどの書籍では、本文の最初のページが「1ページ」になっているはずです。そして序文や目次部分には独立したページ番号が振られており、さらにこれらのページではページ番号の書式がローマ数字になっているのではないでしょうか。

Wordでも同じことを実現できます。仮に「表紙」「目次」「本文」という形式で構成されたドキュメントがあったとした場合、次のように設計すればよいでしょう。

①表紙は独立したセクションにして、ページ番号は付与しない
②目次部分も独立したセクションにして、ページ番号を振る。ただし、目次セクションの開始ページを1ページ目とし、ページ番号の書式はローマ数字とする
③本文部分も独立したセクションとして、新たに1からページ番号を振る

ページ番号は、リボンの［挿入］タブの［ヘッダーとフッター］にある［ページ番号］から挿入できます。ただし、ページ番号の振り方を変更するには、もう一つ作業が必要です。［ページ番号］ドロップダウン中にある

［ページ番号の書式設定...］から［ページ番号の書式］ダイアログを開いてください（図5.32）。

■図 5.32　［ページ番号の書式］ダイアログ

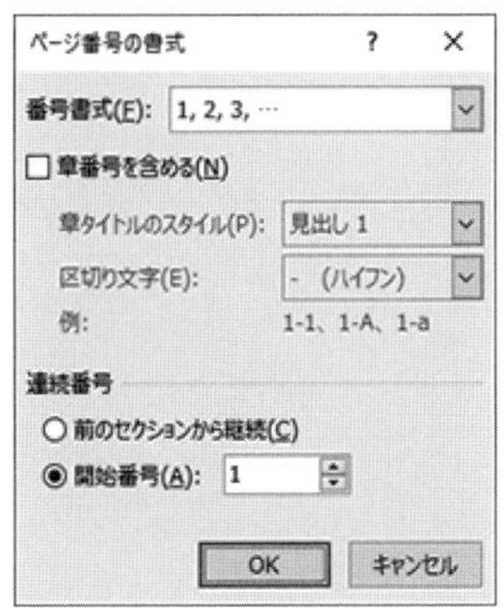

このダイアログの［連続番号］で［開始番号］を指定すれば、指定したページ番号から番号を開始できます。今回の例では目次セクションと本文セクションの両方で［開始番号］を1に設定することで、目次と本文とで独立したページ番号を振ることができるわけです。もちろん、目次のページ番号の書式はローマ数字にしてください（［番号書式］から選択します）。

5.4.4

目次の作成

ドキュメントの内容を素早く俯瞰するためにも、ドキュメントの特定の箇所に素早くアクセスするためにも、ドキュメントには目次が必要です。私見ですが、10ページを超えるドキュメントで目次を用意していないのは、ドキュメント作成者の怠慢です。

Wordで目次を作成するにはTOCフィールドを利用します。リボンの［参考資料］タブの［目次］にある［目次］ボタンを使って目次を挿入することもできますが、この機能を使って挿入されるのは単に内部にTOCフィールドを保持した文書パーツです。文書パーツを使うと目次のカスタマイズが行いにくいので、TOCは第4章で説明した［フィールド］を使って、単純なフィールドとして挿入したほうがよいでしょう（図5.33）。［目次...］ボタンを押すと図5.34に示す［目次］ダイアログが開きますので、ここで必要な設定を行います。

目次はフィールドによって実現されていますから、ドキュメントの内容に変更が発生した場合、明示的にF9を使ってフィールドを更新しなければならない点に注意してください。

■図5.33　［フィールド］ダイアログからTOCを選択

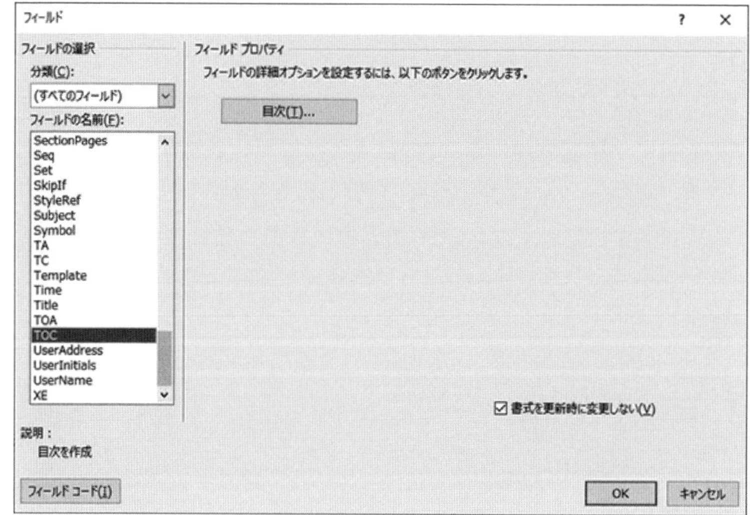

■図 5.34　［目次］ダイアログ

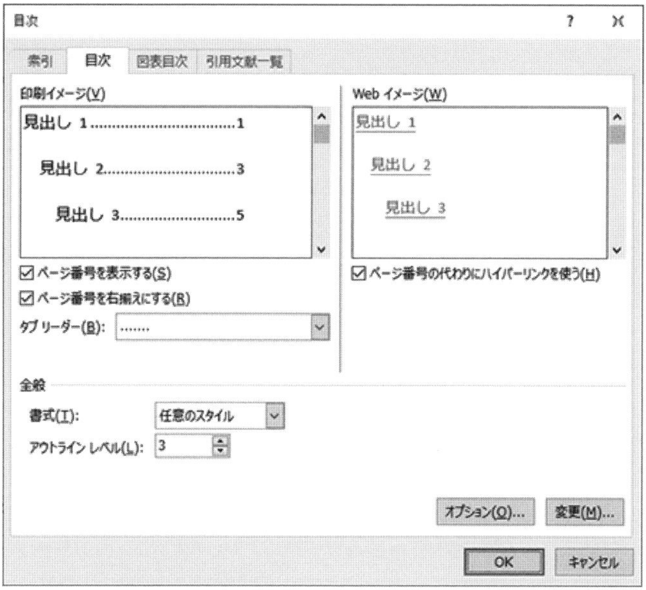

▸▸目次に含める内容を決定する

TOCはドキュメント中から「アウトラインレベルが設定された段落スタイル」を拾って目次に組み込みます。スタイルに対する「アウトラインレベル」の設定は、スタイル定義ダイアログの［書式］の［段落…］の［インデントと行間隔］タブにある［アウトラインレベル］から設定可能です。

「見出し」系のスタイルには、最初から見出しのレベルに合わせたアウトラインレベルが設定されています。もし独自に作成した段落スタイルにアウトラインレベルを追加設定すれば、それらも目次に含まれることとなります。意図しない項目が目次に含まれてしまった場合は、その項目のスタイル定義を見直してください。

デフォルトでは、TOCはアウトラインレベル3までを目次の対象とします。このレベルを変更したければ、［目次］ダイアログの［アウトラインレベル］の値を変更してください。また、［オプション…］から開かれる［目次オプション］ダイアログを使えば、個々のスタイルに対して明示的に目次のレベルを指定することも可能です。とはいえ、通常は「見出し」スタイル以外を明示的に目次に加える必要はないでしょう。

▸▸目次の外観を決定する

目次の外観は、［目次］ダイアログの［書式］から選択できます。また、目次の見出しとページ番号の間のリーダーは［タブリーダー］で指定します。

［書式］から選べる外観がどれも気に入らなければ、スタイルを直接修正してカスタマイズしましょう。第3章で軽く説明したように、目次の各見出しには「目次1」から「目次9」までのスタイルが設定されていますから、これらを修正すればよいわけです。カスタマイズする場合は［目次］ダイアログの［書式］として「任意のスタイル」を選択した上で、通常通りスタイル定義ダイアログからスタイル定義を変更してください。なお、［目次］ダイアログの［変更…］ボタンから開かれる［文字/段落スタイルの設定］ダイアログからでも、スタイル定義ダイアログにアクセスできます。

COLUMN

文書パーツの目次に含まれている「目次の見出し」スタイルには要注意

もし文書パーツで目次を実現する場合は、自動的に挿入される目次の見出しに注意してください。

この見出しには「目次の見出し」スタイルがあらかじめ設定されていますが、このスタイルは「見出し 1」スタイルを継承して実現されています。見出し 1 と見栄えを揃える目的なのでしょうが、この結果として見出し 1 に見出し番号を設定した場合、この「目次の見出し」スタイルにも連番が振られてしまいます。「目次の見出し」スタイルの継承元を「標準」などの見出し系スタイル以外に変更し、独自に外観を設定すれば、この問題を回避できます。

5.4.5

その他の要素

ドキュメント形式の設計では、この他にもいくつかの考慮すべき要素が存在します。ここでは、それらについて簡単に説明しましょう。

▸▸表紙と表題

ドキュメントの表題は、そのドキュメントに何が記述されているかを示す大切な情報源です。表題は他のドキュメント中の要素よりもさらに大きく、目立つようにしなければなりません。

Wordは組み込みスタイルとして「表題」を用意していますので、表題の表現にはこれを利用すればよいでしょう。副題を配置する場合は、同様に組み込みスタイル「副題」が利用可能です。もちろん、表題や副題の内容は直接タイプするのではなく、クイックパーツを使って取り込んでください。

大型ドキュメントでは、表題や副題は独立した表紙ページに用意することとなるでしょう。独自にデザインしてもかまいませんが、リボンの［挿入］タブの［クイックパーツの表示］（図5.35）にある［文書パーツオーガナイザー ...］から、デザイン済みのパーツを挿入することもできます（図5.36）。［ギャラリー］列でソートして、ギャラリー種別が［表紙］となっているものから選んでください。これらのパーツには、あらかじめ「タイトル」や「サブタイトル」といったクイックパーツも埋め込まれています。

■図 5.35　［クイックパーツの表示］ボタンのアイコン（バージョンによって見た目が異なります）

Word 2019（Microsoft 365）でのアイコン　　クイック パーツ　Word 2016でのアイコン

■図 5.36　文書パーツオーガナイザー内にある「表紙」

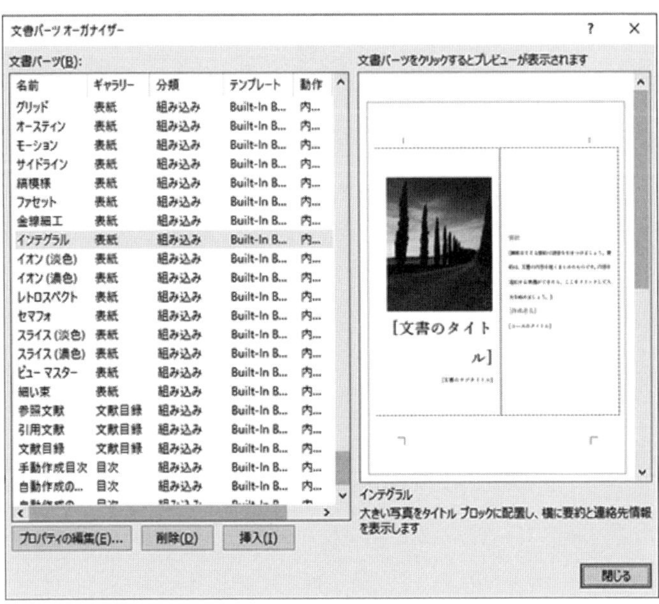

表紙にはさらに、作成主体やドキュメントのバージョンといった情報も盛り込んでおきましょう。これらの情報もクイックパーツやDocProperty経由で取り込むことは言うまでもありません。

▸▸脚注

ドキュメント中にちょっとした補足を入れたい場合、どのようにして盛り込みますか？　よく使われるのは本文中に「※」などを入れ、別途「※」を使って補足説明を入れるという方法です（図5.37）。しかしこれでは本文中の「※」と、補足説明そのものの両方を管理しなければならないため、ドキュメントのメンテナンス性が低下します。このような余計な手間を省くためにも、Wordの脚注機能を使いましょう。

■図 5.37　何も考えずに記述された補足の例

Wordでは、セクションがページ設定の最小単位となります。[ページ設定]ダイアログの各タブには[設定対象]というドロップダウンがあり、これを使って設定したページ設定を反映する範囲を指定します。「文書全体」を選べばドキュメント全体が対象となりますが、「このセクション」を選べば現在のセクションのみが対象となります(※)。↵
↵
※ドキュメント中にセクション区切りを一つも入れていない場合、「このセクション」は登場しません。↵

脚注の挿入は簡単で、リボンの［参考資料］タブの［脚注］にある［脚注の挿入］をクリックするか、Ctrl + Alt + F を押すだけです。本文中に脚注番号が挿入され、ページ下部に自動的に用意された脚注欄にカーソルが移動しますから、ここで必要な補足説明を脚注として入力してください[※8]。

脚注には独自の段落スタイル「脚注文字列」があらかじめ適用されていますので、これをカスタマイズすることで脚注の見栄えを変更できます。通常は本文と同じフォントを使い、本文よりも多少小さなフォントサイズを設定するだけで十分です。

※8　Wordの脚注では通常の脚注（ページ下部に含められる脚注）と文末脚注（ドキュメントやセクションの最後に含められる脚注）の2種類の方式を選択可能ですが、文末脚注はドキュメントの最後を見なければ脚注の内容を知ることができません。よほどの理由がなければ通常の脚注を利用するべきでしょう。

5.5 テンプレートを作成する

Wordの**テンプレート**とは、その名の通りドキュメントのひな形となるファイルです。テンプレートにはひな形として使う内容はもちろん、スタイル定義やマクロ、クイックパーツなどを格納しておくことができます。テンプレートは通常のWordファイルとは異なり、拡張子として「.dotx」（通常のテンプレート）または「.dotm」（マクロが有効なテンプレート）を持ちます。

テンプレートをダブルクリックしても、そのテンプレート自体が開かれるわけではありません。代わりに、そのテンプレートの内容に基づいた新しいドキュメントが開かれます。このようにして開かれた新しいドキュメントでは、テンプレート内に格納されていた内容はもちろん、テンプレート内に定義されていたすべてのスタイルなどが利用可能です。

テンプレートの存在を意識したことがないユーザーでも、テンプレートは知らないうちに使っています。というのも、Wordのドキュメントはすべて何らかのテンプレートに基づいて作られているからです。Backstage（第2章参照）から［白紙の文書］を選んで作成した真っ白な新規ドキュメントにさえ、元となるテンプレートが存在します。この場合に使われるのはWordがデフォルトとして用意する「Normal.dotm」というテンプレートで、環境変数AppData（大多数の環境では、環境変数AppDataの値は「C:¥Users¥ユーザ名¥AppData¥Roaming」となっています）以下のMicrosoft¥Templates以下に格納されています。

5.5.1

テンプレートに保管される情報

Wordで新たにスタイルを定義した場合、その定義はそのドキュメントの内部に格納されます。ですから、そのスタイルはそのドキュメントの中でしか使えません。

一方、スタイルをテンプレートに保管しておくと、そのテンプレートを元に作成したすべてのドキュメントで、そのテンプレートに含まれているスタイルを利用できます。テンプレートからドキュメントを作成した場合、そのテンプレートに含まれるすべてのスタイルが新しく作成したドキュメントにコピーされるからです。

あるテンプレートを元にしたドキュメントでの作業中にスタイルを変更すると、その変更はそのドキュメントにのみ反映されます。しかし後からテンプレートにスタイルを登録する、あるいはテンプレートに登録されている内容を変更することも可能です。Wordのスタイル定義ダイアログには、[このテンプレートを使用した新規文書]ラジオボタンがあります(図5.38)。また、[ページ設定]ダイアログには[既定に設定]というボタンがあります(図5.39)。これらは、すべてテンプレートに含められている情報を変更しようとするものです。

■図 5.38 スタイル定義における［このテンプレートを使用した新規文書］ラジオボタンを選択した状態

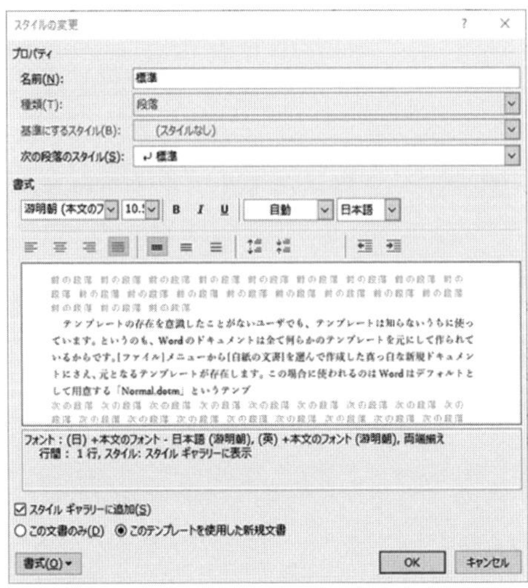

■図 5.39 ［ページ設定］ダイアログの［既定に設定］ボタン

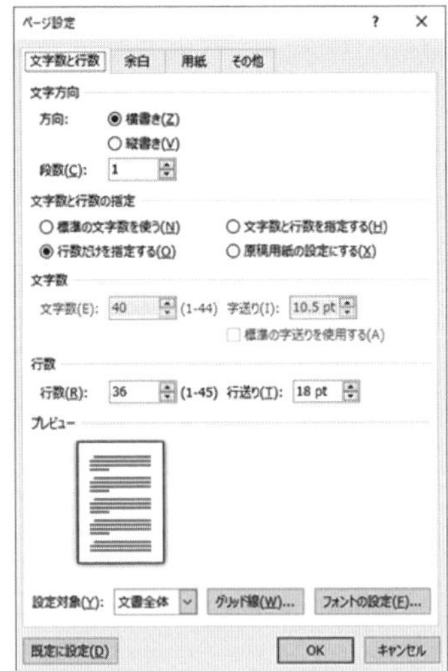

たとえば、Normal.dotmから作成したドキュメントでの作業中に「見出し1」スタイルを変更し、[このテンプレートを使用した新規文書]ラジオボタンをオンにすると[※9]、「見出し1」に対して加えられた変更がNormal.dotmにも適用されます。したがってこれ以降にNormal.dotmから作成したドキュメントでは、先に設定した「見出し1」の定義が使われることになります。

Normal.dotmにこれまでに作成したスタイルなどをどんどん登録していけば、Wordでの作業は楽になるように思えます。しかしそれで楽になるのは、その変更済みのNormal.dotmを使っている本人だけです。複数のメンバーで仕事をするのであれば、そのような方法はお薦めできません。

COLUMN

Normal.dotm が破損した場合

誤って Normal.dotm におかしな設定を保存してしまった場合は、Word に Normal.dotm を再作成させてください。手順は簡単で、ただ単に Normal.dotm を削除（あるいは名称変更）してから、Word を再起動するだけです。Normal.dotm が存在しない場合、Word は新しく Normal.dotm を再作成します。もちろん、以前に保管した情報は失われてしまう点に注意してください。

※9 なお、[このテンプレートを使用した新規文書]ラジオボタンは一度選択しても、次のスタイル変更時には再び[この文書のみ]に戻ってしまうようです。

5.5.2

独自のテンプレートを作成する

独自に作成したスタイルを再利用したければ、それらのスタイルを収めた新しいテンプレートを作成し、それを関係するメンバー全員で共有するのが正しいやり方です。さまざまなドキュメント向けに個別にテンプレートを作成しておけば、個々のドキュメントを作成する手間を大幅に削減できるでしょう。また、優れたテンプレート群を事前に用意し、全員がそれだけを使って仕事を行うようにすれば、チームで作成するドキュメントの書式を完全に統一することも可能となります。

テンプレートの作成は簡単です。まず、利用したいスタイルなどを定義した「テンプレートの元となるドキュメント」を用意してください。そのドキュメントを別名で保存し、形式として「Wordテンプレート」を選択すれば、拡張子「.dotx」を持つ新しいテンプレートが作成されます。この際、保存先のデフォルトとして「ドキュメント」以下の「Office のカスタム テンプレート」というディレクトリが選択されますが、ここに保存しなければ使えないというわけではありません。別の場所に保存してもかまいませんし、保存後に別のディレクトリに移動しても問題ありません[※10]。

このようにして作成されたテンプレートをダブルクリックして開くと、そのテンプレートを元にした新しいドキュメントが作成されます。とはいえ、テンプレートを作成して「はい、これを使ってね」というだけでは、誰にもその使い方はわかりません。自作したテンプレートを他者にも使ってもらいたければ、**テンプレートの取扱説明書も必ず用意しておきましょう。**個々のスタイルの目的の一覧表や、そのテンプレートを使って作成したサンプル文書を提供するだけでも十分です。

※10 テンプレートに保存された情報の一部は、そのテンプレートを参照できなければ利用できない点に注意してください。詳細は第7章で説明します。

5.5.3

 テンプレート作成上のポイント

テンプレートを作成すると、以下のメリットを享受できます。

- 元となったドキュメントで使われていたスタイルが全部使える
- 標準的な記述をあらかじめ盛り込んでおくことができる
- 書式設定をスタイルに限定させることができる

以下では、これらのメリットを最大限に享受するためのテクニックについて説明します。

▸▸表示するスタイルの絞り込み

テンプレートを他者に提供する場合、使わせるべきスタイルはあらかじめ絞り込んでおくべきです。「HTMLアドレス」や「HTMLタイプライタ」のように通常は使わない組み込みスタイルが大量に表示されるテンプレートでは、本来利用すべきスタイルを探し出すのが困難であり、余計に生産性を低下させることになってしまいます。

「3.4.3 利用するスタイルだけを表示させる」(88ページ)で説明した方法を利用して、利用させたいスタイルを絞り込んでおけば、テンプレートは格段に使いやすくなります。また、本書では画面を広く使うためにリボンを非表示にすることを推奨していますが、チームの全員がそのようにしているわけではないはずですから、使わせたいスタイルはすべてスタイルギャラリーに登録しておくとよいでしょう。もちろん、使わせたくないスタイルはスタイルギャラリーから外すこともお忘れなく。

▸▸標準的な記述を盛り込んでおく

テンプレートには元のファイルに記述されていた内容がすべて格納されますので、変な記述が残っているとテンプレートにもその内容が保管されてしまいます。ですから、テンプレートを作成する際にはファイルの内容を空にしておくべきです。

しかし、逆に定型的な内容を最初からテンプレートに盛り込んでおけば、ドキュメント作成の手間を削減できます。以下のような内容は、テンプレートに盛り込んでおくとよいでしょう。

・（クイックパーツなどを盛り込んで作った）表紙
・目次
・そのドキュメントで使うべきヘッダー／フッター
・著作権表示や免責事項などの典型的な記述

また、テンプレートの使い方の説明を盛り込んでおくのもよい方法です。そのテンプレートに盛り込まれているスタイルの利用方法や、スタイルの一覧などをテンプレート中に記述しておけば、テンプレートを使う人にとっての取扱説明書代わりになります。

▸▸スタイルの利用を強制させる

せっかくスタイルを定義しても、それらのスタイルが使われなかったり、勝手にカスタマイズされてしまったりということが起これば、結局は作業者によって見栄えがバラバラになってしまいます。しかしテンプレートを保護しておけば、独自の書式設定を禁止することが可能となります。

まずリボンの［開発］タブの［保護］から［編集の制限］を選択し、［利用可能な書式を制限する］チェックボックスをオンにします（図5.40)。［はい、保護を開始します］というボタンをクリックするとパスワードの入力を促されるので、保護用のパスワードを入力してください。

■図 5.40　文書の保護の実施

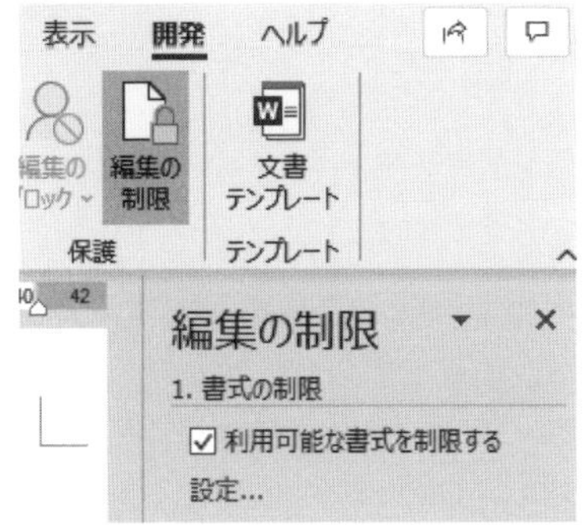

この状態のドキュメントからテンプレートを作成すれば、スタイルのみを使ったドキュメント作成を強制できます。書式設定を行うためのインターフェイス（[書式設定] ツールバーやルーラーなど）が一切使えなくなりますので、利用者はいや応なしにスタイルを利用せざるを得なくなるのです。

ただ、「文書の保護」を有効にした場合、Alt + Shift + 矢印キーによる箇条書きのレベル変更が行えなくなります。このままでは箇条書きが使い物になりませんので、「文書の保護」を有効にした場合は [Wordのオプション] の [Tab ／ Space ／ BackSpaceキーでインデントとタブの設定を変更する]（第2章参照）をオンにし、Tab および Shift + Tab でレベル変更を行ってください。

なお、文書の保護を行うにはリボンに [開発] タブを表示しておく必要があります。[開発] タブが表示されていない場合は [Wordのオプション] の [リボンのユーザー設定] 内にある [リボンのユーザー設定] から、[開発] タブを表示対象に含めてください。

COLUMN

「文書の保護」でも防げないトラブル

Wordでは「文書の保護」を行っても、箇条書きや段落番号における行頭文字／段落番号の削除は可能です。たとえば、見出し番号が設定されている見出しの先頭で Back space を押してしまうと、見出し番号が失われてしまいます。

もし［Wordのオプション］の［詳細設定］内にある［編集オプション］で［スタイルの更新のメッセージを表示する］がオンになっており、かつこの状態でスタイルの更新を行ってしまうと、そのスタイルは行頭文字が失われた状態で固定されてしまいます。ですから、Wordの通常の利用では常に［スタイルの更新のメッセージを表示する］をオフにしておいてください（オフの場合、スタイルを再適用すれば元の定義に戻すことができます）。

5.5.4

テンプレートを直接修正する

テンプレートは、一度作成すればおしまいというものではありません。ドキュメントの作成過程で新たに得られた知見や、あると便利なスタイルを見つけた場合は、テンプレートに反映すべきです。このように更新／改訂を続けることによって、そのテンプレートは真に意味のある存在となります。

テンプレートを直接編集したい場合はファイルをダブルクリックで開くのではなく、Backstageの［開く］からテンプレートを開いてください。このようにすればテンプレートが直接開くので、そこで必要な修正を行うことができます。

第6章

図と表の取り扱い

開発ドキュメントにおいて、図や表を埋め込むことは避けて通れないものです。しかしWordで図や表と言うと、閉口する人が多いのもまた事実です。図はPowerPoint、表はExcel、というのが、平均的なエンジニアのドキュメント作成手段なのではないでしょうか。

Wordでの図表作成が嫌われる理由の一つとして、Wordにおける図表の取り扱いが直感的ではないというものが挙げられます。その結果、Wordでの図表作成を最初からあきらめてしまっている人も多いでしょう。しかし、Wordでの図表の取り扱いは、決して難しいものではありません。本章では、Wordで図や表を扱うためのテクニックについて説明します。

6.1 Wordで図を作成する

「Wordで図を作成するのは大変だ」という声をよく聞きますが、本当にそうでしょうか？　WordでもExcelでも、利用可能なツールはほぼ同じです。Wordで図を作成しにくいというのは、以下の2点にその原因があると筆者は考えています。

- Excelシートは無限と言えるほど巨大な描画空間を提供してくれるが、Wordでは描画可能な範囲がページ内に限定されている。図を描く際にはページの範囲を常に意識しなければならないため、巨大な図が描きにくい
- ExcelやPowerPointではシートやスライド上のどこにでもオブジェクトを配置可能だが、Wordではオブジェクトを上手に配置することが難しい

前者についてはどうしようもありません。Excelでは巨大な図を描いたとしても、最終的に「シートの内容を1ページに収めて印刷」することが可能ですから、いくらでも大きな図が作成できます。一方、Wordでは「ページ内に配置されたオブジェクトは、印刷時も同じ大きさ、同じ位置に置かれる」ことになるため、最初から図の大きさを意識し続けなければなりません。

しかし後者は、ちょっとした工夫と学習で克服可能です。もちろん、複雑な図が必要なら専用のツールを使うべきでしょう。しかしWordで描けるレベルの図をわざわざ外部のツールで作成して取り込むのは、メンテナンス性を低下させるだけです。本章では、Wordでより上手に図を作成するコツを紹介します。

6.1.1

描画キャンバスを使う

WordでもExcelでも、図は「描画オブジェクト」を使って作成します。描画オブジェクトとは、リボンの［挿入］タブの［図形の作成］から挿入可能な丸や矩形、テキストボックス、そしてオートシェイプなどの総称です。

Wordで図を描くときによく見る失敗は、図6.1のように適当に改行を列挙して空白を用意し、そこに描画オブジェクトを直接並べてしまうというものです。しかし、このやり方では描画した結果を単一の図として扱うことができませんから、後からの図の取り回しがとても面倒なものとなります。

■図6.1　改行によって空白領域を準備し、その内部で図を描く方法

そこで登場するのが「**描画キャンバス**」です。描画キャンバスはその名の通り図を描画するための専用の領域であり、その内部に複数のオブジェクトを配置できます。しかも、描画キャンバスは単一のオブジェクトなので、後からの移動やサイズ変更も容易です。「**Wordで図を作成するなら、まず描画キャンバスを配置する**」、これは必ず覚えておいてください。描画キャンバスを使えば、Wordでの図の作成は少なくともPowerPoint並みに容易になるはずです。

描画キャンバスはリボンの［挿入］タブの［図形の作成］にある［新しい描画キャンバス］を選ぶことで挿入できます。図6.2のように上下左右にハンドルの付いた領域が表示されますが、このハンドルをドラッグして、描画キャンバスとして必要なサイズを確保してください（もちろん、サイズは後から変更可能です）。いったん描画キャンバスを配置してしまえば、後はこの中に描画オブジェクトを配置していくだけです。

■図6.2　描画キャンバス

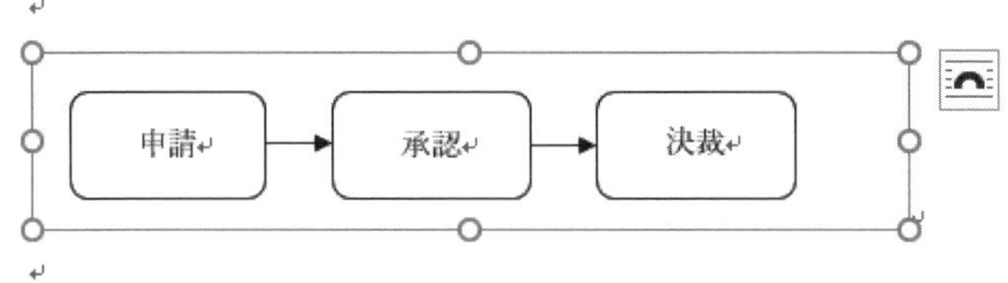

なお、Wordでは通常、マウスカーソルは文字の選択に利用します。オブジェクトを直接クリックすればそのオブジェクトを選択できますが、PowerPointのようにマウスドラッグで範囲を指定して複数のオブジェクトを選択することはできません。しかし描画キャンバスの中ではマウスドラッグによるオブジェクトの範囲選択が可能なため、これだけでも描画キャンバスを使う価値はあります。

COLUMN

図とキャプションを分離させないようにするには

通常、図の前後にはその図を説明するキャプションを入れます。Wordの場合は「4.4 図表番号を使う」で説明した図表番号を挿入して、そこに説明を記述することになるでしょう。しかし図そのものと、図を説明するキャプションとの間に改ページが入ってしまうと、ドキュメントの見栄えが台無しになってしまいます。

図が（後述する）行内オブジェクトであり、かつ図を段落中に単体で配置するのであれば、これを防ぐのは簡単です。キャプションを図の前に置くか、図の後に置くかによって、以下のいずれかを行います。

・キャプションを後ろに置く場合：図を配置する段落用のスタイルを定義し、スタイル定義ダイアログの［段落］にある［改ページと改行］タブで［次の段落と分離しない］をオンにする。図が置かれる段落にこのスタイルを適用しておけば、次の段落であるキャプションと図は分離しなくなる

・キャプションを前に置く場合：［ホーム］タブの［スタイル］から開かれる［スタイル］ウィンドウで、一覧から［図表番号］の［変更 ...］を選択。［スタイルの変更］ダイアログが開かれるので、左下にある［書式］から［段落 ...］を選択し、続けて［段落］ダイアログの［改ページと改行］タブで［次の段落と分離しない］をオンにする。Wordで挿入した図表番号には自動的にこの組み込みスタイルが適用されるため、図が分離しなくなる

6.1.2

グリッドを設定する

描画オブジェクトの配置を揃えるには、Wordのグリッドを利用します。「グリッド」はWordドキュメント上に存在する目に見えない格子（グリッド）であり、格子を表現する線を「グリッド線」と呼びます。オブジェクトをグリッドに吸着させるようにすると、オブジェクトはグリッド線に沿った位置にしか配置できないようになります。

グリッドの間隔は、リボンの［レイアウト］タブの［配置］にある［オブジェクトの配置］から、ドロップダウンで［グリッドの設定...］を選ぶことで開かれる［グリッドとガイド］ダイアログで変更できます（図6.3)。

■図6.3 ［グリッドとガイド］ダイアログ

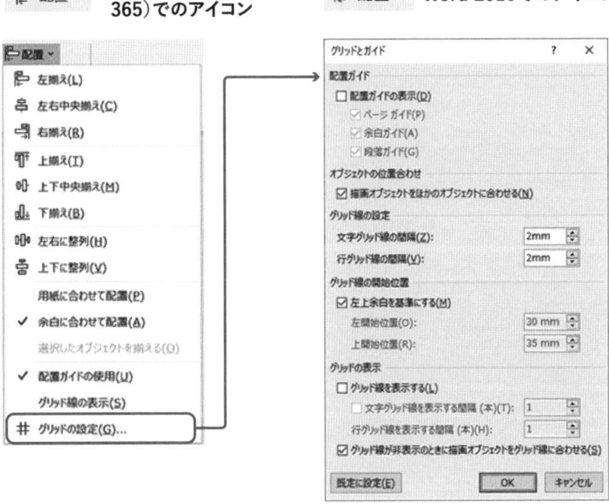

［文字グリッド線の間隔］が横方向、［行グリッド線の間隔］が縦方向のグリッド間隔となっています。デフォルトでは文字数で設定されていますが、単位付きで入力すれば「2mm」や「3pt」といった設定も可能です。

オブジェクトをグリッドに吸着させるには、［グリッド線が非表示のときに描画オブジェクトをグリッド線に合わせる］をオンにします。［グリッド線を表示する］でグリッド線を表示させれば自動的に吸着が有効になりますが、グリッド線の常時表示はおそらくかなりうっとうしく感じるでしょう[※1]。

なお、グリッドへの吸着が有効な場合でも、Altを押しながらオブジェクトを移動すれば、そのオブジェクトはグリッドに吸着しません。これはWordに限らず、おそらくどのソフトウェアでも有効なテクニックの一つです。

COLUMN

グリッドと行グリッドの違い

わかりにくいのですが、第5章で出てきた「行グリッド」と、ここで紹介した「グリッド線」は別物です。「行グリッド」とは、あくまでも行高の区切りごとに水平方向に引かれる仮想的な線に過ぎません。

グリッド線そのものは、図6.3の［文字グリッド線の間隔］［行グリッド線の間隔］に従って引かれます。［行グリッド線の間隔］を「1行」に設定すると「行グリッド」と「行グリッド線の間隔」が一致するため、「行グリッド」に沿ってグリッド線が引かれるように見えるわけです。

※1 描画キャンバスを配置した場合、そのままでは描画キャンバス部分にはグリッド線が表示されません。これは、描画キャンバス自体の背景が白に設定されているためです。描画キャンバスの背景を「塗りつぶしなし」にすれば、グリッド線が表示（＝背景が透けて見える）されるようになります。

6.1.3

描画オブジェクト内のテキストに対するスタイル設定

Wordでは、描画オブジェクト内のテキストにもスタイルを設定できます。各オブジェクト内のテキストの見栄えを揃えたければ、描画オブジェクト内のテキストに対する段落スタイルを事前に用意しておくとよいでしょう。

描画オブジェクト向けに左揃えと中央揃えの2種類の段落スタイルを用意しておくと、さまざまな局面で有効に使えます。必要であれば、右揃えの段落スタイルを用意してもよいでしょう。

これらの段落スタイルでは行間がムダに開いてしまわないように、段落の定義で［1ページの行数を指定時に文字を行グリッド線に合わせる］を無効にした上で、段落の［行間］を「固定値」にしてギリギリまで行間を絞っておきましょう（「固定値」にすれば、フォントサイズ7ptに行間9ptといった設定も可能です）。また、部分的な文字の強調には「5.3.4 強調を行う文字スタイル」で説明した「強調太字」スタイルが利用できます。

描画オブジェクト向けの段落として、筆者は本文よりもやや小さいサイズで、ゴシック系フォントを指定したスタイルをよく利用します。仮に本文のフォントサイズが9ポイントであれば、描画オブジェクト向けの段落では7～8ポイントを利用しています。細かい図を描くことを考えると、小さめのフォントサイズのほうが扱いやすいからです。

なお、描画オブジェクトのテキストに対するデフォルトの段落スタイルは、常に「標準」となります。残念ながら、これは変更できません。

6.2 描画オブジェクトの配置方法

Wordでページ上に直接配置した描画オブジェクトがテキストの編集に伴って思わぬ場所に移動してしまい、イライラした経験はないでしょうか。これを解決するには、まずWordがオブジェクトを配置する方法について正しく理解する必要があります。

6.2.1

オブジェクトの配置モデルの把握

Wordにおけるオブジェクトの配置には、実に7種類ものモデルが存在します。しかしこのモデルも、細かく分析すれば図6.4のように分類できます。これをしっかりと押さえておけば、オブジェクトの配置は半分以上理解できたと言っても過言ではありません。

最上位に位置する考え方として、「**行内**」と「**文字列の折り返し**」の2種類が存在します。「行内」は通常の文字と同じ配置方法を採るモデルであり、オブジェクトはそれがあたかも一つの「巨大な文字」であるかのように、段落内部にそのまま配置されます。テキストの回り込みなどは行われないので、極めて直感的に理解可能なモデルだと言えるでしょう。

■図 6.4　Word の配置モデルの分類

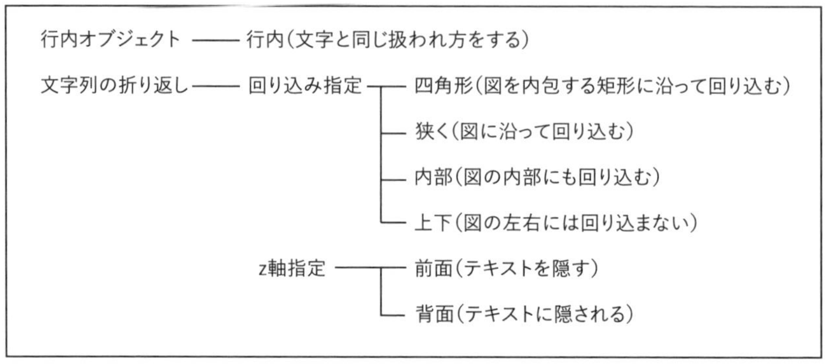

問題は「文字列の折り返し」です。話を大きく単純化すれば、「四角形」「狭く」[※2]「内部」「上下」はテキストの回り込み方法を、「前面」「背面」はz軸オーダー、つまり「テキストの前に置かれてテキストを隠すものなのか」「テキストの後ろに置かれてテキストに隠されるものなのか」を指定するものとなります。この説明は必ずしも正確ではありませんが、大抵の場合はこの理解で事足ります。

描画キャンバスは、デフォルトでは「行内」として配置されます。対してオートシェイプは、デフォルトでは「前面」として配置されます。オートシェイプを単独で置いた場合に、ドキュメント中でその配置場所を自由に移動でき、かつ文字の回り込みが行われないのは、オートシェイプが「前面」として配置されているからです。

これらの配置モデルは、描画キャンバスやオートシェイプを選択した際に現れる［レイアウトオプション］から選択できます（図6.5）。個々のアイコンに対応する配置モデルは、アイコンに対するツールチップで確認してください。

※2　画像を右クリック→［レイアウトの詳細］→［文字の折り返し］では「外周」。

■図 6.5　配置モデルは［レイアウトオプション］で決定する

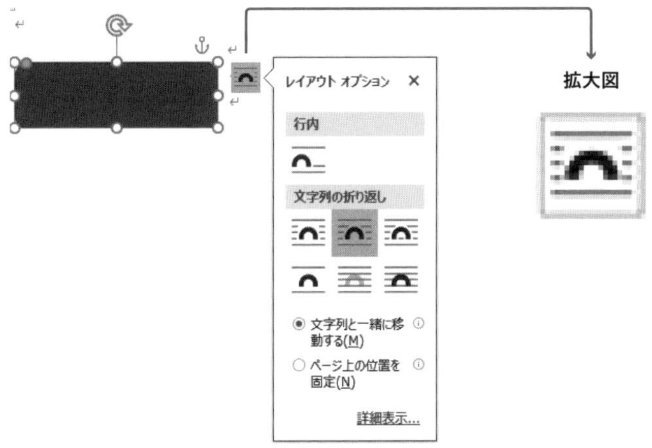

6.2.2

アンカーという考え方

Wordの配置モデルが持つもう一つの特殊な考え方は、「文字列の折り返し」が指定された描画オブジェクトの位置を決める「**アンカー**」です。「文字列の折り返し」の場合、描画オブジェクトの位置は、実際にはどこか基準となる場所からの相対位置として記録されていると考えればわかりやすいでしょう。この「基準となる位置」がアンカーです。アンカーは、デフォルトではオブジェクトが配置された場所から最も近い段落の先頭に設定されます。

Wordの初期設定でアンカーを表示するようにした場合、配置済みのオブジェクトを選択すると、そのオブジェクトのアンカーがいかり型の記号として示されます。図6.6の例では、アンカーは「次の行」と書かれた段落に設定されています。

■図6.6 オートシェイプとそのアンカー

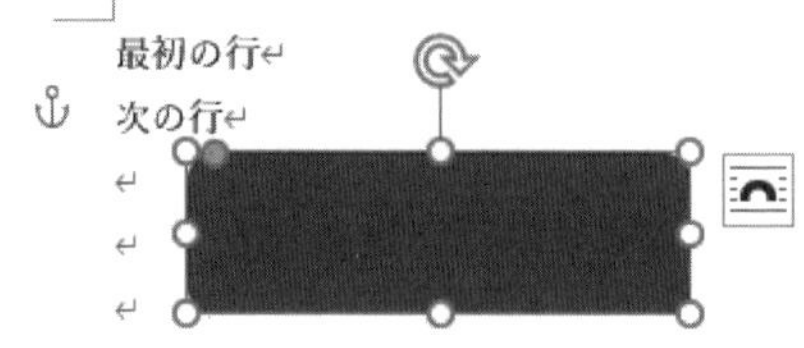

▸▸アンカーの移動と固定

先に示した［レイアウトオプション］（図6.5）には［文字列と一緒に移動する］と［ページ上の位置を固定］という2つのラジオボタンがありますが、これはアンカーの挙動を指定するものです。デフォルトでは［文字列と一緒に移動する］が選択されているので、まずこちらを説明しましょう。

［文字列と一緒に移動する］の場合、行の増減に伴ってアンカーが指定された段落が移動すると、オブジェクトも合わせて移動します。アンカーが設定される段落を変更したければ、単純にアンカーをマウスで希望の段落へとドラッグしてください。もしあるオブジェクトが特定の見出しとともに移動するようにしたければ、そのオブジェクトのアンカーを関連づけたい見出しの位置へとドラッグすればよいのです。

とはいえ、オブジェクト自身を移動すると、アンカーは再び最寄りの段落へと移動してしまいます。これを防ぐには［レイアウトオプション］の［詳細表示...］から開く［レイアウト］ダイアログの［位置］タブ（図6.7）で、［アンカーを段落に固定する］チェックボックスをオンにしてください。こうするとアンカー記号が変わり、アンカーが現在の段落に固定されます（図6.8）。

■図 6.7 ［レイアウト］ダイアログの［位置］タブ

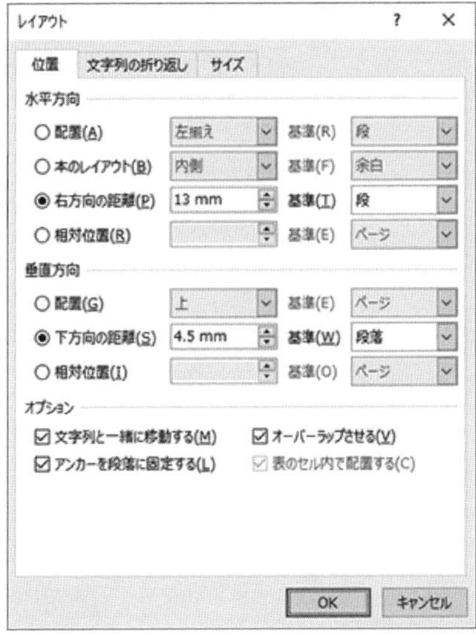

■図 6.8 固定されたアンカーには、鍵マークが付与される

なお、オブジェクトとアンカーをそれぞれ別のページに配置することはできません。したがってアンカーを固定すると、そのオブジェクトはそのページ内でしか移動できなくなります。[※3]

▸▸オブジェクトをページの特定の位置に固定する

「ページ内の特定の場所に図を固定したい」という場合、つまりオブジェ

※3 アンカーを固定しない場合、図はページを超えて移動可能です。その場合、アンカーは図の移動先の最寄りの段落の先頭に移動します。

クトを段落とともに移動させたくないという場合は、[レイアウトオプション]で[ページ上の位置を固定]を選択してください。この場合はアンカー記号が移動しても、オブジェクトは移動しません。通常の配置方法では「アンカーから見たオブジェクトへの相対位置は常に固定されている」のですが、この設定にすると「アンカーが移動すると、オブジェクトへの相対位置はアンカーの移動距離に合わせて自動的に調整される」ことになります(図6.9)。

■図6.9 アンカーが移動すると、オブジェクトへの相対位置はアンカーの移動に合わせて自動的に調整される

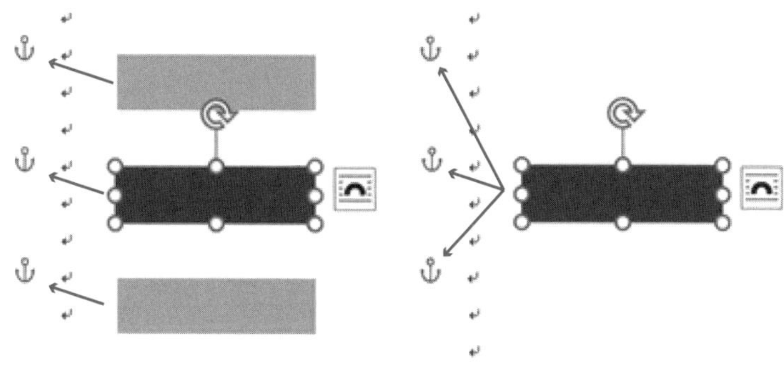

「文字列と一緒に移動」の場合、行の増減によってアンカーが移動すると、オブジェクトも合わせて移動させられる

「ページ上の位置を固定」の場合、行の増減が発生してもアンカーのみが移動し、オブジェクトは移動しない

先に説明した通り、アンカーとオブジェクトがそれぞれ異なるページに存在することはできません。したがってアンカーが次のページに移動すると、オブジェクトも次のページへと移動します。ただしこの場合でも、オブジェクトは以前とまったく同じ位置に配置されます。

オブジェクトの配置方法は文章で説明しただけではわかりにくいのですが、実際に試してみると直感的に理解できるかと思います。ぜひこれらの設定を試して、実際の配置方法の変化を確認してみてください。

6.3 表の作成テクニック

ドキュメントをExcelで作成する人の言い訳（?）として、「表が多いドキュメントはExcelのほうが楽だから」というものがあります。確かに巨大な表をWordで作成するのは現実的ではありませんが、ちょっとした表であればWordのほうが簡単に作成できることも多いのです。

また、「表はExcelで作成してWordに貼り付ければよい」と語る人もいます。しかしExcelから貼り込まれた表の外観は、Wordドキュメントの外観とは決定的に異なります。表だけ見た目が異なっているドキュメントというのは、見栄えの面からはあまりほめられたものではありません。既にExcelで表が作成されているのならともかく（このケースは第7章で扱います）、表の作成のためだけにわざわざ情報を別のファイルに分割するというのは、将来的な改変への耐性を自ら落とすことにもつながります。

意外と知られていませんが、Wordの表作成能力は決して侮れません。ここからは、Wordでの表作成について考えてみます。

6.3.1

何はなくとも表スタイル

Wordでの表作成では、常に表スタイルを利用してください。Excelでの表作成では個別に罫線や網かけの設定を行う必要がありますが、Wordでは表スタイルを利用してその手間を省くことができます。もちろん、表の外観を後から一括して変更することも可能です。

▸▸表スタイルの定義方法

Wordでの作表は、まずリボンの［挿入］タブの［表の追加］から表を挿入し、続いて［テーブルデザイン］タブ（Word 2016では［表ツール］の［デザイン］タブ）の［表のスタイル］からその表に適用する表スタイルを選択することで行います。組み込みでも多数の表スタイルが用意されていますが、気に入ったものがなければ自分で作成するか、あるいは既存の表スタイルをカスタマイズすればよいでしょう。

表スタイルを作成／変更するには、［表のスタイル］で組み込みスタイルの一覧表示から、最下段にある［新しい表のスタイル...］、あるいは［表のスタイルの変更...］を選択します。ここで開くスタイル定義ダイアログ（図6.10）の［書式］ボタンからは表スタイル独自の定義項目に加えて、表内で利用するフォントや段落の定義も行えます。フォントや段落の定義は通常の段落スタイルの定義方法と同じですから、迷うことはないでしょう。

［表のプロパティ...］および［線種/網かけの変更...］は、通常の表のプロパティの設定方法と同様です。とはいえ、スタイルとして設定可能なのは配置や折り返し、外観に関わる設定のみであり、表のサイズに関わる設定を行うことはできません。

■図 6.10　表スタイルの定義（図は［新しい表のスタイル］を選択したもの）

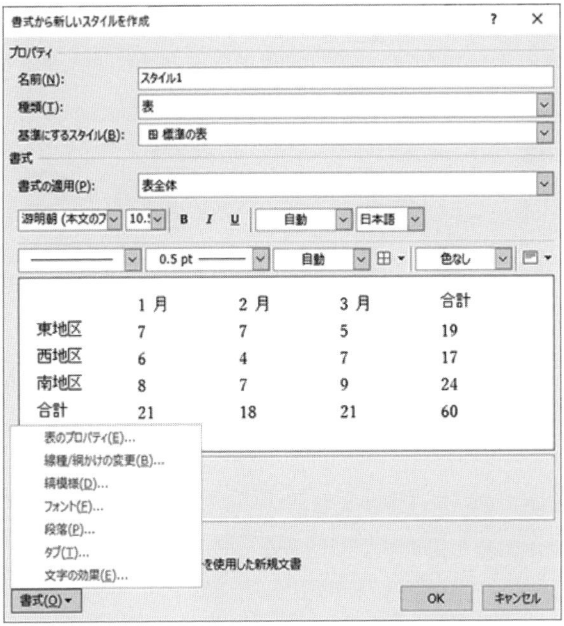

書式から新しいスタイルを作成
プロパティ
名前(N): スタイル1
種類(T): 表
基準にするスタイル(B): 標準の表
書式
書式の適用(P): 表全体
游明朝 (本文のフ　10.5　B　I　U　自動　日本語
0.5 pt　自動　色なし

	1 月	2 月	3 月	合計
東地区	7	7	5	19
西地区	6	4	7	17
南地区	8	7	9	24
合計	21	18	21	60

表のプロパティ(E)...
線種/網かけの変更(B)...
縞模様(D)...
フォント(F)...
段落(P)...
タブ(T)...
文字の効果(E)...
を使用した新規文書
書式(O)▾　OK　キャンセル

▸▸個々のパーツに対して外観を定義する

表スタイルが強力なのは、表の個別のパーツに対してそれぞれ異なる外観を与えられるところにあります。パーツの選択は、スタイル定義ダイアログの［書式の適用］にて、適用する箇所を選ぶことで行います。つまり表スタイルの定義では「適用箇所を選ぶ」→「その部分の外観を定義する」という作業を繰り返して、一つの表スタイルを完成させるわけです。もっとも、表全体で単一の外観を定義するだけであれば、「表全体」に対する定義を行うだけで十分です。

図6.11に、表スタイルで利用可能な書式適用箇所を示しました。なお、「タイトル行」「集計行」「最初の列」「最後の列」は、表を選択したときのみ現れるリボンの［テーブルデザイン］タブ（Word 2016では［表ツール］の［デ

ザイン］タブ）の［表スタイルのオプション］にあるチェックボックス（図6.12）で、対応する部分にチェックを入れないと利用されません。

■図 6.11　表スタイルにおける書式適用箇所

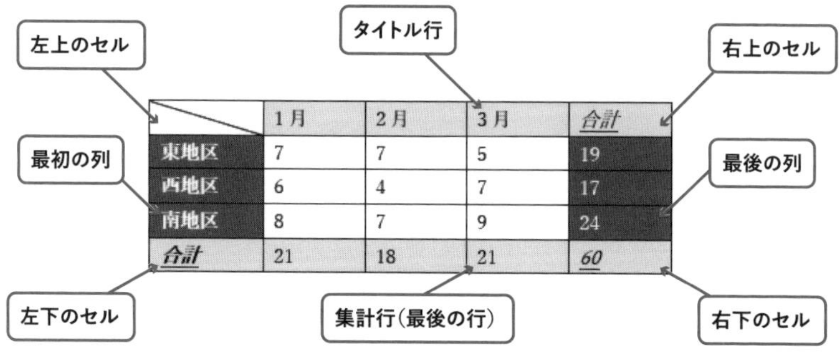

	1月	2月	3月	合計
東地区	7	7	5	19
西地区	6	4	7	17
南地区	8	7	9	24
合計	21	18	21	60

■図 6.12　リボンの［テーブルデザイン］タブ（Word 2016 では［表ツール］の［デザイン］タブ）にある［表スタイルのオプション］

ファイル　ホーム　挿入　描画　デザイン
☑ タイトル行　☑ 最初の列
☑ 集計行　☑ 最後の列
☐ 縞模様 (行)　☐ 縞模様 (列)
表スタイルのオプション

表スタイルではさらに、表内の行／列ごとに［書式］を変更することも可能です（図6.13）。日本ではあまり見ませんが、欧米では罫線を引く代わりに、このように縞模様で行の識別を行う方法がよく利用されます[※4]。

縞模様は書式適用箇所として「奇数行の縞模様」や「偶数列の縞模様」を選択し、縞を構成する個々の行／列の外観を個別に定義することで実現しま

※4　縞模様は印刷後にコピーを繰り返すと文字が読みづらくなることが多いので、よく考えた上で利用してください。

す。[※5] なお、縞模様は前述の［表スタイルのオプション］で、［縞模様（行)］や［縞模様（列)］をオンにした場合のみ利用されます。

■図 6.13　縞模様を利用した表。見出し行の直後や集計行の直上にしか線を引かないスタイルが一般的

	1月	2月	3月	合計
東地区	7	7	5	19
西地区	6	4	7	17
南地区	8	7	9	24
合計	21	18	21	60

▸▸表スタイル内部の文字列に対する段落スタイル

当然ですが、表のセル内の文字列も段落です。では、表の中の文字列に対する段落スタイルはどのようにして決まるのでしょうか？

表内の文字列には、その表を挿入した場所の段落スタイルがそのまま適用されます。ですから、たとえば「本文字下げ」スタイルの場所に表を挿入すると、表のセル中の文字列にも「本文字下げ」が適用されます。しかし表内では挿入場所の段落スタイルの字下げ／インデントより表スタイルで設定した字下げ／インデントが優先されるため、字下げ／インデントが設定された段落スタイルでは「書式の不一致」が発生します。このような場合はまず表全体を選択し、スタイルとして「標準」を適用して「書式の不一致」を解消してください。

ただ、表内の段落スタイルが「標準」で、かつ「3.3.3『リスト段落』スタイルを使って箇条書き部分の外観を変える」で説明した「リスト段落スタイルへのカスタマイズ」を実施していた場合は注意が必要です。表内で箇条書きを行おうとリストスタイルを適用した瞬間、カスタマイズされたリスト段落スタイルも自動適用されてしまうためです。本文中ではリスト段落スタイ

※5　［書式］ボタンから選べる［縞模様...］を使えば縞模様の間隔（奇数行の縞／偶数行の縞を何行／列単位で適用するか）を変更できますが、これを利用しなければならないケースはまずありません。

ルの前後にマージンを確保したほうが見栄えはいいのですが、表内の箇条書きの前後にまでマージンが適用されると、表が間延びしてしまいます。あまりスマートではありませんが、「標準」の代わりに「標準」を単純に継承したスタイル（「本文」など）を明示的に表に適用すれば、この問題を回避できます。

6.3.2

表の内部で計算式を使う

Wordの表でも計算式が利用可能という事実を知っている人は、意外と少ないようです。Excelほど高度な集計はもちろん無理ですが、合計値や平均値の算出程度なら、Wordの表でも十分に実現可能です。少なくとも本書執筆時点（2020年3月）ではPowerPointの表でこのような計算は行えませんので、これはPowerPointに対するWordのアドバンテージと言えます。

Wordで計算を行うには、「4.3.3 フィールドを使って計算を実現する」で紹介したフィールド「=」を利用します。表6.1には「=」で利用可能な演算子の一覧を、表6.2には「=」内で利用可能な関数の一覧を示しました。表6.2中で引数として「-」を示した関数は、任意の数の引数を取ります。また、☆を付与した関数は、後述するセル範囲の参照を取ることが可能です。

■表 6.1 「=」で利用可能な演算子

算術演算子		比較演算子（結果は真（1）または偽（0））	
+	加算	=	等しい
-	減算	<>	等しくない
*	乗算	<	より小さい
/	除算	<=	以下
%	パーセンテージ	>	より大きい
^	べき乗／べき乗根	>=	以上

■表 6.2 「=」で利用可能な関数

関数	説明
abs(x)	指定した値の絶対値
and(x, y)	2つの値の論理積
average(-) ☆	すべての値の平均
count(-) ☆	引数の項目数
defined(x)	指定した式が有効か否か
false	常に偽（0）を返す
int(x)	指定した値の整数部分
min(-) ☆	引数中の最小値
max(-) ☆	引数中の最大値
mod(x, y)	xをyで割った際の剰余
not(x)	指定した値の論理否定
or(x, y)	2つの値の論理和
product(-) ☆	すべての値の積（総乗）
round(x, y)	xの四捨五入（yは桁数）
sign(x)	指定した値が正なら1、負なら-1
sum(-) ☆	すべての値の合計（総和）
true	常に真（1）を返す

「4.3.3 フィールドを使って計算を実現する」で紹介した「=」の利用例では、Wordドキュメント内の特定の範囲を参照するためにブックマークを利用していました。表の内部で「=」を使う場合、ブックマークに加えて表のセルを参照する記法が利用できます。この記法はExcelの考え方に似ており、行番号を示すのに1、2、3……という整数を、列番号を示すのにA、B、C……というアルファベットを利用します。たとえば、左上のセルは常に「A1」として表現されます。

セルの参照に加えて、セル範囲の参照も可能です。「行番号:行番号」はそれらの行全体を、「列番号:列番号」はそれらの列全体を、「セル参照:セル参照」は指定されたセルに囲まれた範囲を示します。さらに、Wordでは「above」や「left」といった、現在位置を起点とした相対参照を利用することもできます。範囲の参照例については表6.3を参照してください。

■表 6.3 セル範囲の参照例

書式	参照範囲
1:1	表の1行目全体
1:3	表の1行目から3行目までのすべてのセル
A:A	表の1列目全体
A:B	表の1列目から2列目までのすべてのセル
A1:C2	A1で示されるセルから、C2で示されるセルに囲まれるセル
left	現在のセルと同一行で、より左に存在するすべてのセル
right	現在のセルと同一行で、より右に存在するすべてのセル
above	現在のセルと同一列で、より上に存在するすべてのセル
below	現在のセルと同一列で、より下に存在するすべてのセル

たとえば、表の最も右の列にその行の合計値を入れたければ、フィールドコード「=sum (left)」を利用します。また、表の最下行にその列の平均値を入れたければ、フィールドコード「=average (above)」を利用すればよいわけです。図6.14にフィールドコードを使った計算例を示しましたので、参考にしてください。

残念ながらExcelとは異なり、行や列の追加に追従して「=」内に記述したセルの参照先が**自動的に更新されることはありません**。行／列の増減が発生してセル参照の位置や範囲が変動した場合は、手でフィールドコードを修正する必要があります。「above」や「left」のような相対参照であれば問題ありませんが、「C3」のような絶対位置での参照を行う場合は注意してください。

■図 6.14 「=」を用いて表の内容を計算する例

	1月	2月	3月	平均
東地区	7	7	5	{ =average(left) }
西地区	6	4	7	{ =average(left) }
南地区	8	7	9	{ =average(left) }
合計	{ =sum(above) }	{ =sum(above) }	{ =sum(above) }	{ =average(left) }

6.3.3

Wordの表で知っておくべきその他のこと

Wordで表を扱う上では、以下のようなちょっとしたTipsも覚えておくとよいでしょう。

▸▸全ページに表の見出し行を表示する

複数ページにまたがる大きな表の場合、各ページの先頭にその表の見出し行を入れたいものです。Excelではおなじみの機能ですが、Wordにも（こっそり）この機能が用意されています。

まず表の作成後、タイトル行としたい範囲を選択した状態で、右クリックで表示されるメニューから［表のプロパティ...］を選択します。これによって［表のプロパティ］ダイアログが開きますから、［行］タブにある［各ページにタイトル行を表示する］をオンにしてください（図6.15）。すると選択されていた行がタイトル行とみなされ、各ページの最上位に表示されるようになります。

この挙動は、表スタイルに盛り込むことも可能です。そのためには「タイトル行」に対する書式設定で［表のプロパティ］を開き、［各ページにタイトル行を表示する］をオンにしてください。しかし表スタイルがタイトル行とみなすのは先頭の1行だけなので、複数行をタイトル行扱いとすることはできません。

■図 6.15 ［表のプロパティ］でタイトル行を設定する

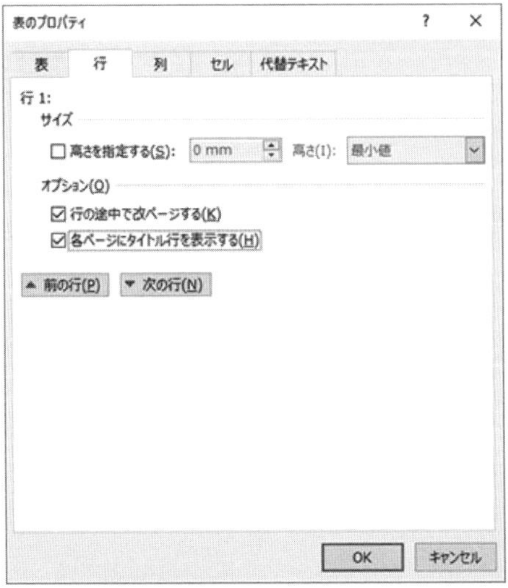

COLUMN

表と改ページ

図 6.15 の［行］タブ中にある［行の途中で改ページする］がオンの場合、改ページ位置が行の途中に来ると行の中で改ページが発生します。逆にこれをオフにしておくと、改ページは行の単位でのみ実施されるようになります。

そもそも表の途中での改ページ自体を避けたい場合は、表の最終行を除く全行を指定した状態でリボンの［ホーム］タブから［段落］のダイアログボックスランチャーをクリックして［段落］ダイアログを開き、［改ページと改行］タブで［次の段落と分離しない］をオンにしてください。これにより、最終行がページからはみ出したタイミングで表全体が次ページに送られるようになります（最終行にまでこの設定を追加すると、ページ末尾に表以外の段落が残っていない場合、表全体が次ページに送られることになります）。

▸▸セルに対する均等割り付け

表中で「小　計」のような均等割り付けが必要な際、スペースを使って自分で割り付けを行っているドキュメントを見ることがあります。しかしこれは、あまりにも場当たりな対応だと言わざるをえません。

このような場合は、[表のプロパティ] の [セル] タブの [オプション…] をクリックし、[セルのオプション] ダイアログ（図6.16）で [文字列をセル幅に均等に割り付ける] をオンにしてください。図6.17のように、この問題をスマートに解決することができます。

■図 6.16　[セルのオプション] ダイアログ

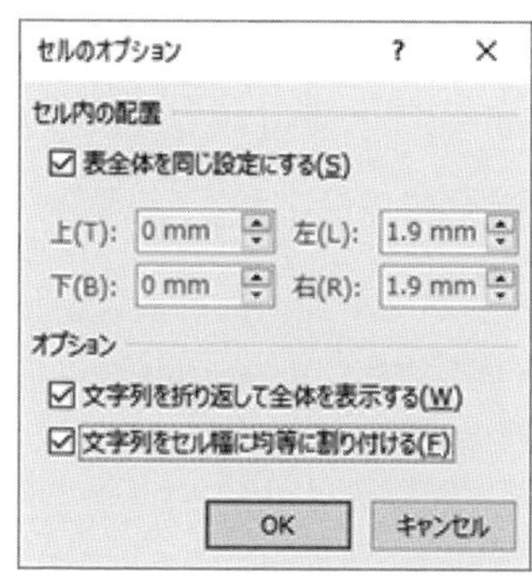

■図 6.17　均等割り付けの効果。左はスペースによる割り付け、右は Word による均等割り付け

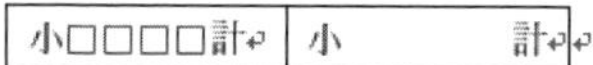

▸▸列幅の自動調整をオフにする

表内に文字を入力している最中に列の幅が自動的に変わってしまって、うっとうしい思いをしたことはありませんか？　これを防ぐには [表のプロパティ] の [表] タブ中にある [オプション…] ボタンをクリックし、[表のオプション] ダイアログ（図6.18）で [自動的にセルのサイズを変更する] をオフにしてください。こうすると、列幅の自動調整は行われなくなります。

このダイアログには、［既定のセルの余白］や［セルの間隔を指定する］といったオプションもあります。前者はセル内部で自動的に取られるマージンを、後者はセルとセルとの間のマージンをそれぞれ設定するものです。後者はあまり使う設定項目ではありませんが、前者は表内に最大限の情報を詰め込む上で有用なオプションです。興味がある方は値をいろいろと変更して、その効果を確かめてみてください。

なお、［表のプロパティ］はスタイル定義ダイアログからもアクセスが可能ですが、上述の［自動的にセルのサイズを変更する］は表スタイルに対しては設定できません（［既定のセルの余白］や［セルの間隔を指定する］は設定可能です）。

■図 6.18　［表のオプション］ダイアログ

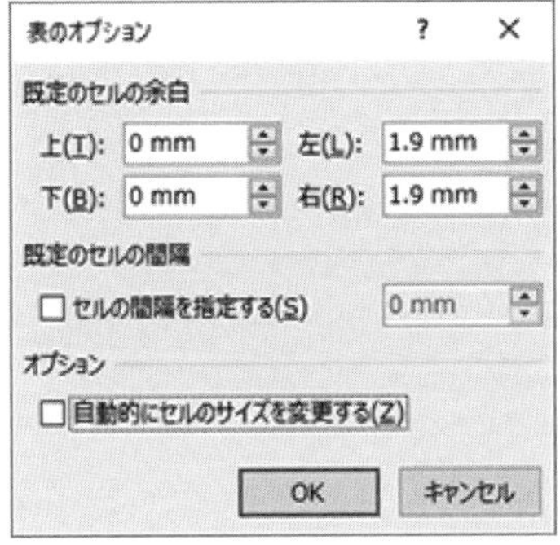

6.4 表の配置にまつわる問題

図ほどではないものの、Wordでは表の配置にもさまざまな考え方が存在しています。これらについて、以下で簡単に説明しましょう。

6.4.1

表の配置モデル

図とは異なり、表の配置モデルには2種類しか存在しません。テキストの回り込みを行うか、行わないかです。図6.19に示す［表のプロパティ］ダイアログの［表］タブでは、［文字列の折り返し］で回り込みを行うか否かを設定できます。これにより、以下のような挙動の違いが生まれます。

・**回り込みを行わない場合**：表は段落全体を占めるように配置され、かつ本文テキストの増減に合わせて移動する
・**回り込みを行う場合**：本文テキストの増減に合わせた移動の有無を個別に選択できる

［文字列の折り返し］で［する］を選んで回り込みを有効にすると、［表のプロパティ］の［表］タブ中の［位置...］ボタンも利用可能となります。ここをクリックすると開く［表の位置］ダイアログ（図6.20）の［文字列と一緒に移動する］がオンの場合、表は本文テキストの増減に合わせて移動します。逆にオフにした場合、本文テキストの増減にかかわらず、表はページ内のその位置に常に留まり続けるようになります。

■図 6.19 ［表のプロパティ］ダイアログの［表］タブ

■図 6.20 ［表の位置］ダイアログ

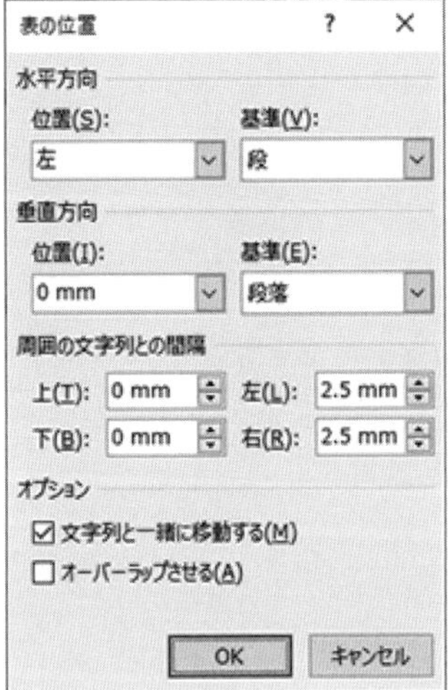

6.4.2

回り込み設定時の表の位置

回り込みが有効な場合、先に説明した［表の位置］ダイアログを使って、表の配置に関する詳細な設定を行うこともできます。配置の詳細については図6.21を参照してください。

［水平方向］では、表を水平方向のどの位置に配置するかを決定します。「左」「右」「中央」はそれぞれ左寄せ、右寄せ、中央寄せを意味します。また、「内側」「外側」は、ページ設定で見開きを指定していた場合に、内側（とじられる側）か外側かを自動的に判断して配置するというものです。ただし、ここでは「10mm」のように絶対位置を指定することも可能であり、その場合は［基準］で選択した位置からの距離として解釈されます。

［垂直方向］では垂直方向の配置場所を指定しますが、ここの［基準］は［文字列と一緒に移動する］と連動しています。具体的には、［文字列と一緒に移動する］がオンの場合は基準位置として段落が、オフの場合はページ（または余白）が設定されます。本文テキストと一緒に移動させない場合、表はページ（または余白開始位置）からの絶対位置として配置しなければなりませんから、これは妥当な挙動だと言えるでしょう。

■図 6.21 表の基準位置と距離

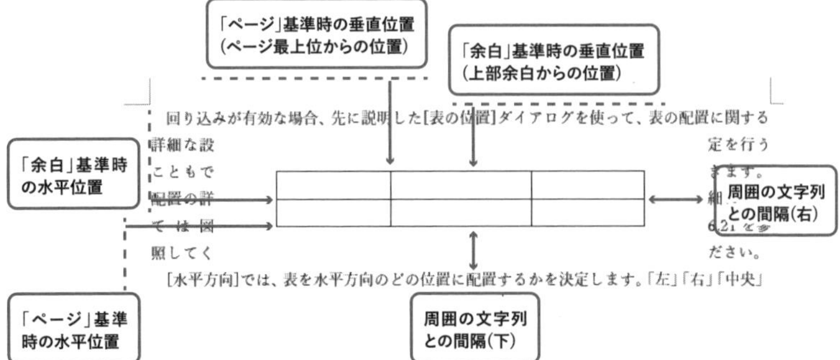

第7章

Wordでドキュメント作成効率を改善する

「Wordでドキュメントを書くなんてまどろっこしい」、そう感じているエンジニアは少なくありません。普段、軽快に動作するテキストエディタを扱い慣れていればなおさらです。しかしWordでドキュメントを作成するのは本当に面倒な作業なのでしょうか？

何も考えずにWordを使っていれば、確かにそうかもしれません。しかし少しばかりの工夫でWordでのドキュメント作成はずっと快適になりますし、複数のドキュメントをまたがっての作業も容易になります。また、大きなドキュメントを扱う上での構成の変更の行いやすさもWordの魅力です。最終章となる本章では、Wordを使って快適にドキュメントを作成する方法について説明します。

7.1 Wordドキュメントを素早く書き上げるために

スタイルも用意してテンプレートも準備して……後は実際に内容を書けばよいという段になっても、「Word？　面倒くさい、書くのが手間、エディタ最強」と、なかなかWordを使ってくれないエンジニアもいるでしょう。しかし、ちょっとした工夫を加えるだけで、Wordはドキュメントをバリバリ書くためのツールにできます。

7.1.1

スタイルにショートカットキーを割り当てる

スタイルを正しく定義しておけば、構造化されたドキュメントを書くのはスタイルを選択するだけの作業となります。しかしそこはエンジニア、「マウスでスタイルを選択するなんてまどろっこしくて無理」と思うかもしれません。であれば、**よく使うスタイルにショートカットキーを割り当てておきましょう**。

スタイルに対するショートカットキーの割り当ては、スタイル定義の一環として行えます。スタイル定義用ダイアログから、［書式］の［ショートカットキー...］を選択して、割り当てるキーを指定してください（図7.1）。定義したショートカットキーの［保存先］のデフォルトはNormal.dotmですが、これは現在のドキュメントに変更することも、そのドキュメントの元となったテンプレートにすることもできます。

Wordは最初から表7.1に示すスタイルにショートカットキーを割り当てていますが、複数のキーを押すこともあって使い勝手がいいとは言えません。スタイルに対するショートカットキーはWordがすでに使っているものを上書きできますので、使いやすいものに割り当て直してしまいましょう。たとえば、Ctrl + 1のデフォルトの割り当て先はSpacePara1（行間を1行にする）ですが、こんな機能よりも「見出し1」に割り当ててしまうべきです。Ctrl + 1からCtrl + 4までは「見出し1」から「見出し4」に、Ctrl+Tを「本文」（あるいは「本文字下げ」）に、Ctrl + Eを「コード例」に……などとしていけば、圧倒的に書きやすくなります。

段落スタイルだけでなく、文字スタイルにもどんどんショートカットキーを割り当てましょう。Ctrl + BはBold（文字を太字にする）に割り当てられていますが、スタイルを使うドキュメント作成でCtrl + Bを使うことはありえません。ですから、Ctrl + Bには「強調太字」スタイルを割り当てておくとよいでしょう。

■図 7.1　スタイルに対するショートカットキーの割り当て

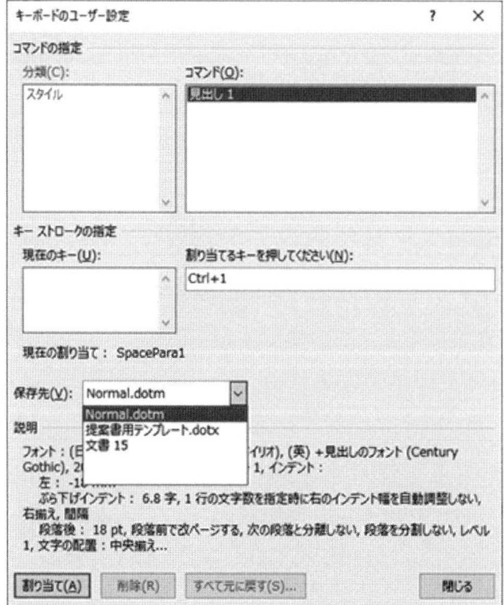

■表 7.1　最初からショートカットキーが割り当てられているスタイル

スタイル	ショートカットキー
標準	Ctrl + Shift + N
見出し1	Alt + Ctrl + 1
見出し2	Alt + Ctrl + 2
見出し3	Alt + Ctrl + 3

COLUMN

Ctrl + Space を知ると文字スタイルが使いやすくなる

文章を書いている途中で「この部分は強調したい」と思った場合はどうしていますか？　まずその文章を書いてから、強調したい範囲をマウスで選択してスタイルを適用……というのはあまりにも面倒です。

「3.4.1 スタイルを手早く定義する」で紹介した Ctrl + Space を使うと、もっと簡単に文字スタイルを適用できます。文字スタイルを適用したい箇所の開始位置で文字スタイルを設定して文字入力を続行し、適用したい箇所が終わったタイミングで Ctrl + Space を押してください。Ctrl + Space を押した時点で、それまで適用されていた文字スタイルは解除されます。

たとえば、強調用のスタイルを Ctrl + B に割り当てた場合、強調したい場所の直前で Ctrl + B → 強調したい内容を記入 → 終わったら Ctrl + Space を押します。一度試してみると、すぐにその挙動（と快適さ）がわかると思います。

7.1.2

スニペットとしての文書パーツ

プログラミングの際、よく使うパターンをスニペットとして登録しておき、それを引き出してくる……というスタイルは近年では当たり前のものとなりました。Wordでも似たようなことが「文書パーツ」を使って行えます。

ただ、プログラミングとは違って、ドキュメントの場合はスニペットに向くような内容はそれほど多くありません（あらゆるドキュメントに毎回決まり文句を書くわけではありませんから）。しかし、表のように「配置するのにマウス操作が必要」なものは、文書パーツを使うと簡単に入力できるようになります。

▸▸文書パーツの登録

文書パーツの登録は極めて簡単で、文書パーツとして登録したい部分を選択して Alt + F3 を押すだけです。［新しい文書パーツの作成］ダイアログが開いたら（図7.2）、以下を入力して登録します。

■図7.2 ［新しい文書パーツの作成］ダイアログ

新しい文書パーツの作成 ? ×
名前(N): table
ギャラリー(G): ユーザー設定の表
分類(C): 全般
説明(D):
保存先(S): 提案書用テンプレート.dotx
オプション(O): 内容を段落のまま挿入
OK キャンセル

名前

文書パーツに対する名前を指定します。この名前は展開時に使うので、シンプルかつ入力しやすいものを指定します（IMEへの単語登録のイメージ）。

ギャラリー

文書パーツは「ギャラリー」と「分類」によって整理されます。Wordはあらかじめ多数のギャラリーを用意していますが、既存のギャラリーに混ぜるとどれが自作のパーツかがわかりにくくなります。幸い、Wordは最初から「ユーザー設定」で始まるギャラリーを用意していますので、それらに格納するとよいでしょう。

分類

ギャラリーの下位概念です。独自の文書パーツがそこまで増えることはないでしょうから、デフォルトの「全般」を選んでもかまいません。

説明

必要な場合は説明を追加します。

保存先

保存先はNormal.dotm、あるいは文書パーツを格納する専用のファイルであるBuilding Blocks.dotx[※1]となります。ただし、自作のテンプレートから作成したドキュメントの場合は、そのテンプレートも選択できます。自作テンプレートを使っている場合は、そのテンプレートを使用する他のメンバーも使えるよう、ぜひそこに登録しましょう。

オプション

通常は「内容を段落のまま挿入」を利用します。

ここで追加した文書パーツを呼び出す上で、リボンから操作する必要はありません。登録時に付与した名前を入力した後にF3を押すだけで、その文書パーツが現在のカーソル位置に展開されるからです。たとえば、既存の表を「table」という名前で登録した場合、「table」と入力してF3を押せば、登録した表が自動的に展開されます。

▸▸何を文書パーツとして登録するか

では、文書パーツとしてはどのようなものを登録すべきでしょうか？

※1 Building Blocks.dotxは環境変数AppData（大多数の環境では「C:¥Users¥ユーザ名¥AppData¥Roaming」となっています）以下のMicrosoft¥Document Building Blocks¥1041¥16以下にあります（最後の「16」はWordの内部バージョン番号なので、将来的にWordのバージョンが変わった場合はこの値が変わる可能性があります）。

もちろん定型句や組織のロゴなども考えられます（し、それが本来の使い方でしょう）が、ドキュメントを手早く作ることを前提にすれば、以下のようなものを登録しておくと便利です。

表

表の挿入にはマウス操作が介在するので、よく使う列数の表をあらかじめ登録しておきましょう。たとえば「table3」から「table6」といった名前で、3列～6列を持った表を登録しておきます。行は Tab で比較的容易に増やせるので、登録する表の行数は見出し行＋内容行の2行程度でよいでしょう。

また、リスト段落をカスタマイズしている場合（197ページの「表スタイル内部の文字列に対する段落スタイル」参照）、表内の段落スタイルを「標準」以外に設定しておくと、表内の箇条書きも容易に扱うことが可能となります。

箇条書き

箇条書きを作成するためのリストスタイルの選択もややわずらわしいので、通常の箇条書き／段落番号付き箇条書きをHTMLの要素名にならって「ul」や「ol」といった名前で登録しておくと、箇条書きを簡単に作成できます。

オートシェイプ

たとえば、事前にテキストに対する段落スタイルの適用や余白設定を完了させた矩形やテキストボックスを登録しておくと、図の作成が簡単になります。ただ、文書パーツの展開は文字入力の結果として行われるので、描画キャンバス内に配置するにはいったんどこかの段落でオートシェイプを展開（段落中に「行内」として配置される）してから、それをカットして描画キャンバス内にペーストする必要があります。

▸▸文書パーツの管理

文書パーツの管理はリボンの［挿入］タブの［テキスト］にある［クイックパーツの表示］から、［文書パーツオーガナイザー］を開くことで行います（図7.3）。

ここには文書パーツの一覧が並んでおり、表の見出しをクリックすることでギャラリーや格納先に基づくソートが可能です。不要となったものは［削除］で削除できますし、［プロパティの編集...］から登録名や保存場所を変更することもできます。

■図7.3 ［文書パーツオーガナイザー］ダイアログを開く（バージョンによってアイコンの見た目が異なります）

7.1.3

テンプレートとドキュメントの関係

あるテンプレートから新しくドキュメントを作成した後で、テンプレートが存在するコンピュータとは別のコンピュータにそのドキュメントを持っていくことを考えます。このとき、ドキュメントの元にしたテンプレートの情報はどこまでドキュメントに引き継がれるのでしょうか？

テンプレートそのものの内容（文章そのものやページ設定）、およびスタイルは、テンプレートから作成されたドキュメントにすべてコピーされます。一方、本章で説明した**ショートカットキーの定義や文書パーツは、実はドキュメントにはコピーされません**。テンプレートに定義したショートカットキー定義や文書パーツは、現在のドキュメントからそのテンプレートを「参照」できるからこそ使えるものなのです。

▸▸テンプレートの参照とは？

テンプレートとドキュメントの関係は、リボンの［開発］タブの［テンプレート］から［文書テンプレート］を選択して開く［テンプレートとアドイン］ダイアログで確認できます（図7.4）。ここには［文書の作成に使用するテンプレート］という項目があり、ここにこのドキュメントで利用するテンプレートの場所が記述されています。

ここで示された場所にテンプレートがあれば、そのテンプレートに保存されたショートカットキー定義や文書パーツをそのドキュメントから利用できます。もしその場所にテンプレートがなければ、それらを利用することはできません。

なお、［テンプレートとアドイン］に示されたパスにテンプレートがない状態でこのダイアログの［OK］ボタンをクリックすると、「この文書テンプレートは存在しません」というエラーになります。このような場合は［添付...］をクリックして他のテンプレート（たとえばNormal.dotm）を参照するように設定し直すか、［キャンセル］をクリックしてください。

■図7.4　[テンプレートとアドイン] ダイアログ。ここではローカルにある「提案書用テンプレート」が使われている

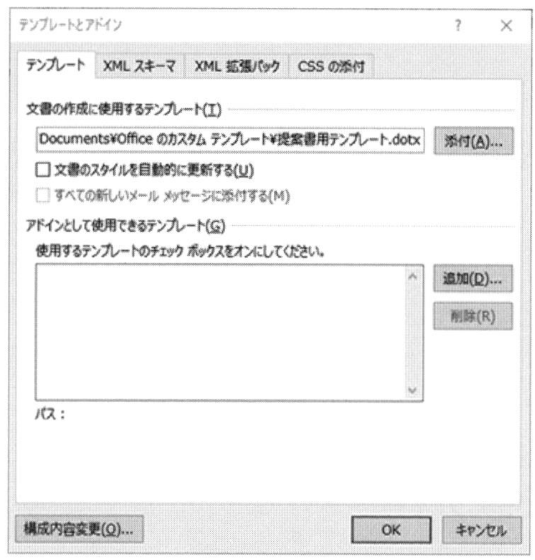

▸▸テンプレートをアドインして部品を共有する

ドキュメントから参照可能なテンプレートは、実は一つではありません。図7.4のダイアログ中にある［アドインとして使用できるテンプレート］というリストに注目してください。ここで他のテンプレートを追加（アドイン）すると、それらが保持する文書パーツやショートカットキー定義を利用できます。「見出し」や「本文」スタイルに対するショートカットキーを定義したWordテンプレートを用意しておき、必要に応じてアドインすれば、他者が作成したドキュメントでもそれらを使うことが可能となるわけです。

テンプレートのアドインは簡単で、［追加...］からアドインしたいテンプレートを指定するだけです。「テンプレートのアドイン」という用語からは違和感を覚えるかもしれませんが、実は通常のWordドキュメント（.docx）もアドインすることが可能です。

▸▸テンプレートの変更を既存のドキュメントに反映する

テンプレートを変更した場合は、そのテンプレートを元にしている他のドキュメントにもその変更を反映したいと思うはずです。そのような場合は各ドキュメントの編集中に先に示した［テンプレートとアドイン］ダイアログ（図7.4）を開き、［文書のスタイルを自動的に更新する］チェックボックスをオンにしておいてください。こうするとそのドキュメントを開き直した時点で、テンプレートが持つ最新のスタイル定義が常に反映されるようになります。もちろん、この場合はそのテンプレートがドキュメントから参照可能な場所に配置されている必要があります。

7.2 外部の情報を差し込む

ソフトウェア開発の現場では、他のドキュメントに記述されている内容を部分的に引用したい、というケースが多々発生します。他のドキュメントの内容をコピー&ペーストすべきでないことは、少なくとも本書の読者には説明不要でしょう。このような場合は、以下に示すWordの機能が助けになるかもしれません。

7.2.1

他のWordドキュメントの内容を取り込む

Wordには、他のWordドキュメントの内容を取り込む機能が用意されています。まず、リボンの［挿入］タブの［テキスト］の［オブジェクト］から［テキストをファイルから挿入…］を選んでください（図7.5）。すると［ファイルの挿入］として通常のファイル選択ダイアログが開きますが、このダイアログの下部には図7.5に示すように［範囲…］というボタンと、ドロップダウン化された［挿入］ボタンが用意されています。

■図7.5 ［ファイルの挿入］ダイアログを開く（バージョンによってアイコンの見た目が異なります）

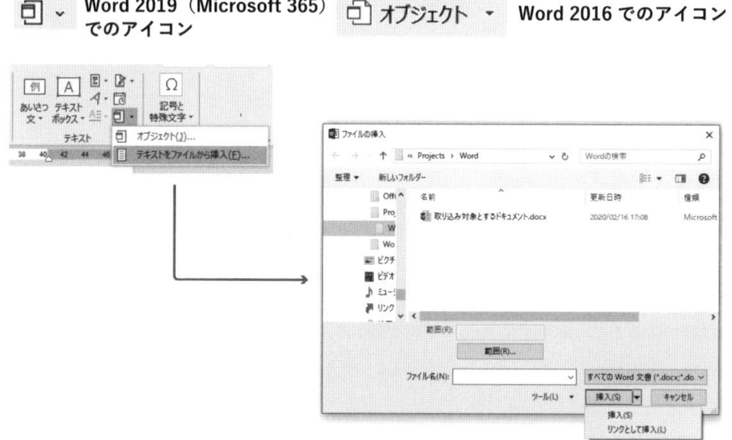

このダイアログで既存のWordドキュメントやテキストファイルを選び、［挿入］から［挿入］を選択すれば、選ばれたファイルの内容すべてが取り込まれます。しかし単に取り込むだけなら、それは単純なコピー&ペーストと変わりません。一方、［挿入］から［リンクとして挿入］を選択した場合、選ばれたファイルの内容が「リンクとして」挿入されます。

リンクとしての挿入は、フィールドIncludeTextで実現されています。リンクとして挿入するとドキュメント内にフィールドIncludeTextが挿入され、取り込んだドキュメントの内容が表示されます。また、取り込んだドキュメントの内容を変更した場合は、F9を押してフィールドを更新することで、変更後の内容が取り込まれます。

IncludeTextではさらに、取り込んだ側で行った変更を、取り込まれた側に反映させることも可能です。他のドキュメントから取り込んだ部分を変更した場合は、取り込んだ部分にカーソルを置いて Ctrl + Shift + F7 を押してください。取り込まれた側のドキュメントに、その変更が反映されます。

なお、IncludeTextは引数に取り込んだファイルのパスを持つことでリンクを実現しています。したがってファイルを移動した場合はリンクが切れてしまい、以後の取り込みに失敗します。挿入時点では取り込み先となるファイルの場所が絶対パスとして設定されているので、フィールドコードのパス部分を「.\\ファイル名」のように相対パスに変更しておくとよいでしょう。

7.2.2

取り込む範囲を限定する

ここまでで他のドキュメントの内容全体を取り込む方法を説明しましたが、通常、引用したいのは全体ではなく他のドキュメントの一部分だけのはずです。一部分だけを引用する場合は、事前に少し準備が必要です。

まず、取り込まれる側のWordドキュメント中で、**取り込みたい範囲をブックマークとして定義**してください。そして図7.5の［ファイルの挿入］ダイアログでファイルを取り込む際、［範囲...］をクリックして［テキスト入力］ダイアログ（図7.6）を開き、取り込み先ファイル中で定義したブックマーク名を入力します。これによって、指定されたブックマークの範囲のみが取り込まれます。挿入されたIncludeTextをよく見ると、第2引数として指定したブックマーク名が配置されていることがわかるはずです。

■図7.6 ［テキスト入力］ダイアログ。ここではブックマーク名として「network」を指定している

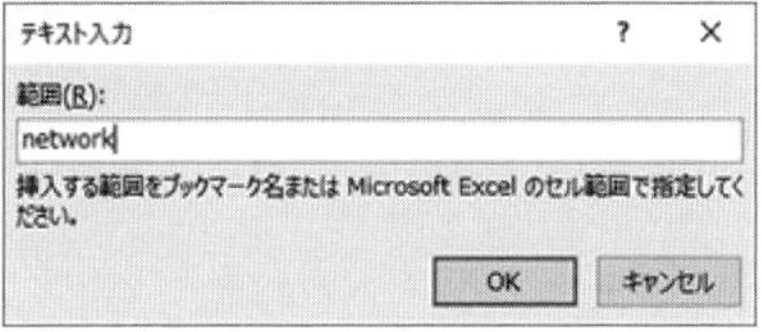

7.2.3

Databaseフィールドで外部のデータを取り込む

Wordドキュメントから外部のデータソースへとクエリを発行し、その結果を表として取り込めるということは意外と知られていません。たとえばOLE DBを通じてデータベースからデータを取り出し、Wordドキュメントに埋め込むことが可能です。しかし現実的にこの仕組みを最も使うのは、Excelファイルの内容を取り込むケースでしょう。

外部データの取り込みにはDatabaseフィールドを使います。リボンの［挿入］タブの［テキスト］から［クイックパーツの表示］を選択し、［フィールド］からDatabaseフィールドを選ぶと、図7.7のように［データベースの挿入...］というボタンが現れます。これをクリックすると［データベース］ダイアログが開くので、［データの取り込み...］で取り込みたいExcelファイルを選択し、［テーブルの選択］ダイアログでExcelファイル中のシートを合わせて選択します。

取り込むシートを指定したら［データの挿入...］ボタンをクリックし、続けて開く［データの挿入］ダイアログで［フィールドとして挿入する］にチェックを入れて［OK］をクリックしてください[※2]。すると、選択したシー

※2 このチェックを入れないと、フィールドを使わずに単純に表が挿入されるだけとなります。この場合、後からExcelファイルの内容を変更しても、取り込んだドキュメントにその変更を反映させることはできません。

トの内容がWordの表として現れるはずです。もちろん、取り込んだExcelファイルの内容を変更した場合は、F9で変更を再度取り込むことが可能です。IncludeText同様、Databaseフィールドも取り込んだExcelファイルの場所を絶対パスで保持しているので、相対パスに変更しておくとよいでしょう（とは言ってもIncludeTextとは異なり、Databaseフィールドの内容はかなり複雑ですが）。

最後に、Databaseフィールドを使う上での注意点を挙げておきます。

- ［データベース］ダイアログの［クエリオプション...］を使うと、取り込み対象のレコードの選択やソート順、取り込み対象とするフィールドを指定することができる
- Databaseフィールドで作成された表に表スタイルを適用することは可能だが、F9で再取り込みを行うと、適用した表スタイルはクリアされてしまう。［データベース］ダイアログの［表のオートフォーマット...］で適用した書式は再取り込み時にも失われないが、ここで選べるのはあくまでWord側で事前定義されたもののみ。Word側で変更した外観を維持したければ、Databaseフィールドのフィールドコードに明示的に「¥* MERGEFORMAT」を追加する必要がある（105ページのコラム参照）
- IncludeTextと違い、Ctrl＋Shift＋F7を押しても、Word側で変更した結果をExcel側に反映させることはできない
- Excel側でのセル結合はWord側には正しく反映されない

■図 7.7 Database フィールドによるデータ取り込みの流れ

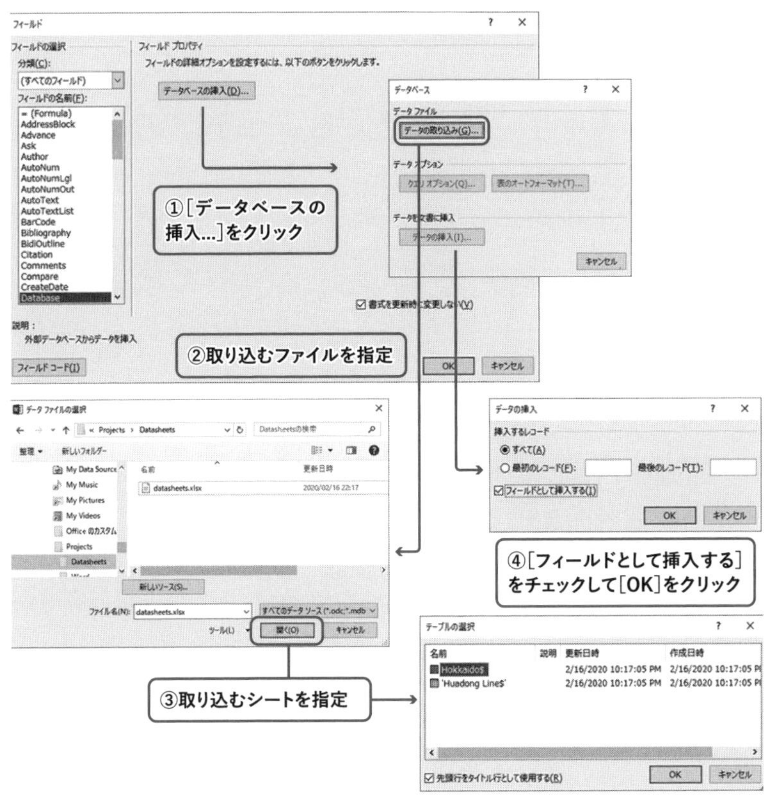

7.3 ドキュメント全体の俯瞰

第1章でも述べた通り、「ドキュメント構成の変更が容易」というのはWordの強みの一つです。これは、Wordがドキュメント全体を俯瞰する仕組みと、見出しに基づいてドキュメントの構成を変更する仕組みを用意しているからです。以下では、それらの機能について説明します。

7.3.1

アウトライン表示によるアイデアの取りまとめ

アウトライナ（あるいはアウトライン・プロセッサ）とはテキストエディタの一種であり、ドキュメントの内容を構造化して扱えるようにして、ドキュメント構造の編成を容易にするツールです。漫然と思い浮かんだアイデアを構造化する、あるいは大きなドキュメントの骨格を形成するといった目的で利用されます。

アウトライナを使うとドキュメント全体の構造がツリー状に表示されるため、全体の構造を俯瞰しやすくなります。たとえば本章の内容を構造化すると、図7.8のようになるでしょう。

■図 7.8　本章の内容を構造化するとこうなる

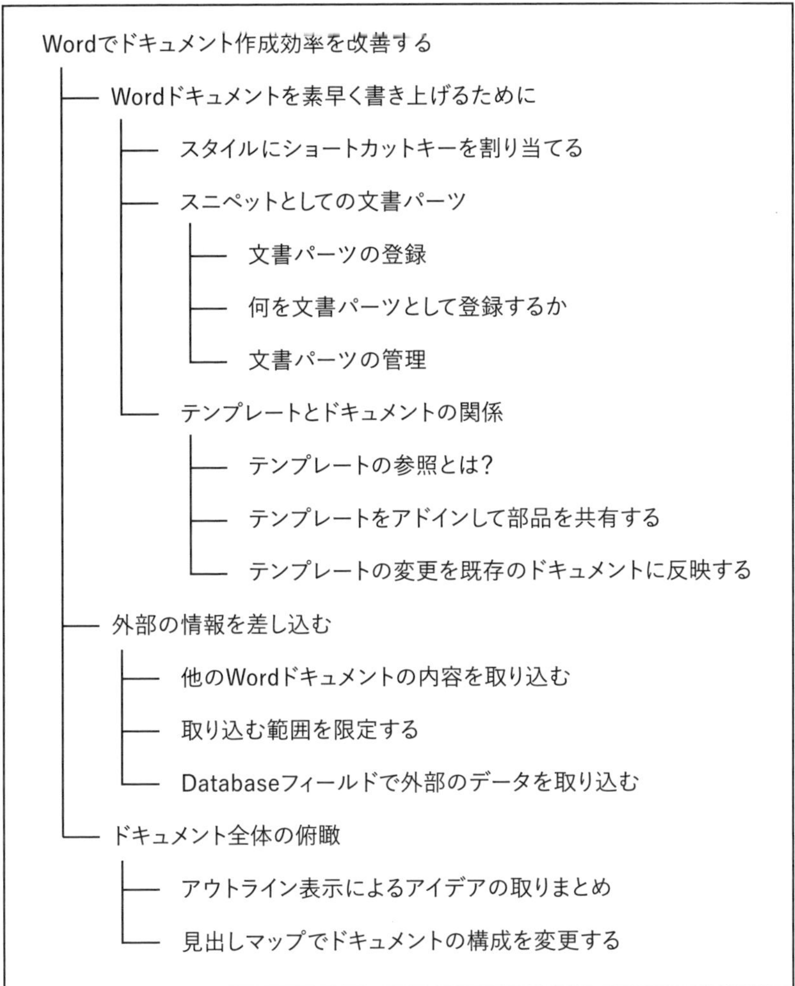

階層構造における個々の節点（ノード）は、ドキュメント中の見出しと対応しています。通常、ツリー上には見出しのみが表示され、下位に属する

本文は表示されません[※3]。これによって階層構造の組み替えや、見出しレベルでのドキュメント内容の移動が容易となり、長文の執筆やアイデアの取りまとめが行いやすくなります。

Wordの「**アウトライン表示**」は、このアウトライナを実現する機能です(図7.9)。アウトライン表示にするには、リボンの［表示］タブの［表示］(2つある［表示］のうち左側のもの）で［アウトライン…］を選択するか、Ctrl＋Alt＋Oを押してください（印刷表示にはCtrl＋Alt＋Pで戻れます)。見栄えよりも内容に集中するには、「2.1.4［詳細設定］」(31ページ）の設定に従って専用のフォントを指定しておくことをお薦めします。

■図7.9　Wordのアウトライン表示（表示用フォントとしてメイリオ9ptを利用)

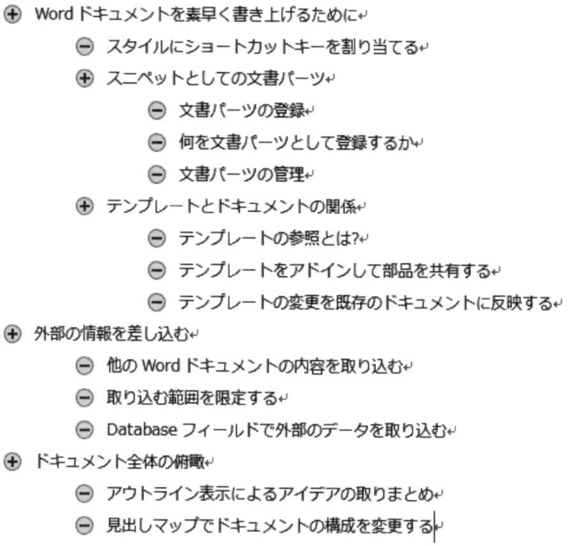

- ⊕ Wordドキュメントを素早く書き上げるために
  - ⊖ スタイルにショートカットキーを割り当てる
  - ⊕ スニペットとしての文書パーツ
    - ⊖ 文書パーツの登録
    - ⊖ 何を文書パーツとして登録するか
    - ⊖ 文書パーツの管理
  - ⊕ テンプレートとドキュメントの関係
    - ⊖ テンプレートの参照とは?
    - ⊖ テンプレートをアドインして部品を共有する
    - ⊖ テンプレートの変更を既存のドキュメントに反映する
- ⊕ 外部の情報を差し込む
  - ⊖ 他のWordドキュメントの内容を取り込む
  - ⊖ 取り込む範囲を限定する
  - ⊖ Databaseフィールドで外部のデータを取り込む
- ⊕ ドキュメント全体の俯瞰
  - ⊖ アウトライン表示によるアイデアの取りまとめ
  - ⊖ 見出しマップでドキュメントの構成を変更する

アウトライン表示はWordの組み込みスタイルである「見出し」を利用し

※3　構造を俯瞰する上では枝葉となる本文が邪魔になるためであり、必要であれば表示させることも可能です。

て、ドキュメントを階層化します。見出しの先頭にある「+」は下位構造が存在することを、「-」は存在しないことを示しています。また、「+」をダブルクリックすると、下位構造の折りたたみと展開が行えます。

アウトライン表示では、リボンに［アウトライン］というタブが表示されます。このタブの［アウトラインツール］上にあるボタンを使えば、現在の見出しレベルの変更や、下位レベルの折りたたみが行えます。とはいえ、どちらかと言えば表7.2に示すショートカットを使うほうが簡単でしょう。

■表7.2　アウトライン表示で利用可能な主要なショートカット

ショートカット	説明
Alt＋Shift＋→	現在の段落の見出しレベルを一つ落とす（「文書の保護」が有効な場合、このショートカットキーは使えない）
Alt＋Shift＋←	現在の段落の見出しレベルを一つ上げる（「文書の保護」が有効な場合、このショートカットキーは使えない）
Alt＋Shift＋↑	現在の段落を一つ上の段落と入れ替える（下位構造を折りたたんでいる場合は下位構造すべてを含めて入れ替える）
Alt＋Shift＋↓	現在の段落を一つ下の段落と入れ替える（下位構造を折りたたんでいる場合は下位構造すべてを含めて入れ替える）
Alt＋Shift＋数字キー	指定した数字の見出しレベルまでを表示
Alt＋Shift＋A	すべてのレベルを表示

アウトライン表示で入力した段落はすべて見出しスタイルになってしまうので、本文を入力したければ［アウトライン］タブ上のレベルから「本文」を選ぶ必要があります[※4]。ただ、マウスで「本文」を選ぶのはかなり面倒ですので、本文として使うスタイル（「本文」や「本文字下げ」など）にはあらかじめショートカットキーを割り当てておきましょう。アウトライン表示は「見出し」以外のスタイルを本文として扱いますから、これで本文も気軽に入力できます。

※4　レベルとしての「本文」を選んだ段落のスタイルは自動的に「標準」となります。

COLUMN

Alt + Shift +矢印キーはアウトライン表示以外でも利用可能

表7.2で紹介したAlt+Shift+矢印キーのショートカットは、アウトライン表示以外でも利用可能です。

Alt+Shift+↑／↓は、現在の段落のみを上下に移動します。段落全体を選択する必要はなく、現在カーソルが置かれている段落がそのまま移動の対象となります。通常の文章で使うケースはあまりありませんが、箇条書きの個々の項目を上下に移動する場合は極めて有用です。

Alt+Shift+→／←は見出しレベルの変更に使えますが、これを使うとインデントが崩れてしまうので、筆者はあまりお薦めしません。なお「3.3.2 リストスタイルの使い方」（78ページ）で紹介したように、このショートカットキーは箇条書きのレベルの上げ／下げにも使えます。

7.3.2

見出しマップでドキュメントの構成を変更する

従来のWordでは、アウトライン表示はドキュメントの構造を俯瞰する上でなくてはならないツールでした。しかしWord 2010からは「**見出しマップ**」が大幅に機能強化されており、もはやドキュメント構造の変更のためにアウトライン表示を使う必然性はないと言っても過言ではありません。

見出しマップを表示するには、リボンの［表示］タブの［表示］（こちらは2つある［表示］のうち右側のもの）で［ナビゲーションウィンドウ］にチェックを入れると表示される「ナビゲーションウィンドウ」上で、［見出し］を選択してください（図7.10）。見出しマップ上には見出しスタイルが設定された段落がツリー上に表示されますが、左側の三角形はその見出しの下位にノードが存在することを示しています。もちろん、この三角形をクリックすれば、見出しマップ上でのノードの展開や折りたたみが可能です。

■図 7.10　ナビゲーションウィンドウによる階層表示。右クリックでコンテキストメニューも表示可能

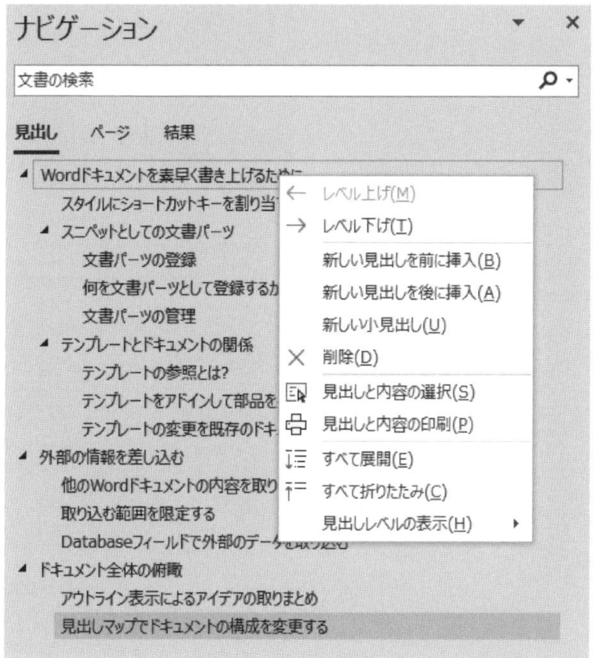

この見出しマップ、単にドキュメントの構造を示すだけでなく、ドキュメント内での移動や構造の操作も可能となっています。以下、簡単に使い方を紹介しましょう。

カーソルの移動

見出しマップ上の見出しをクリックすると、本文中のその見出し上にカーソルが移動します。

見出しレベルの変更

アウトライン表示で紹介したショートカットキー Alt + Shift + ← / → を使うと、見出しのレベルを変更できます。

構成の変更

見出しマップ上の見出しをドラッグ&ドロップするだけで、内容も含めてその見出しを移動できます。

内容の選択

見出しマップ上の見出しで右クリックしてコンテキストメニューを出し、[見出しと内容の選択] を選ぶとその見出し以下の範囲がすべて選択されます。

見出しの削除

同じくコンテキストメニューから [削除] を選択すると、その見出し以下の内容をすべて削除できます。

なお、見出し以下の折りたたみだけであれば、実はメインの編集エリア上でも簡単に行えます。見出しスタイルが適用された段落の上にカーソルを持っていくと、図7.11のように見出しの先頭に小さな三角形が表示されることに気づくはずです。この三角形をクリックすると、その見出し以下の内容はすべて折りたたまれて非表示になります。もちろん、戻す場合は再度この三角形をクリックすれば大丈夫です。

■図 7.11　見出しスタイル先頭の三角形（折りたたむ前と折りたたんだ後）

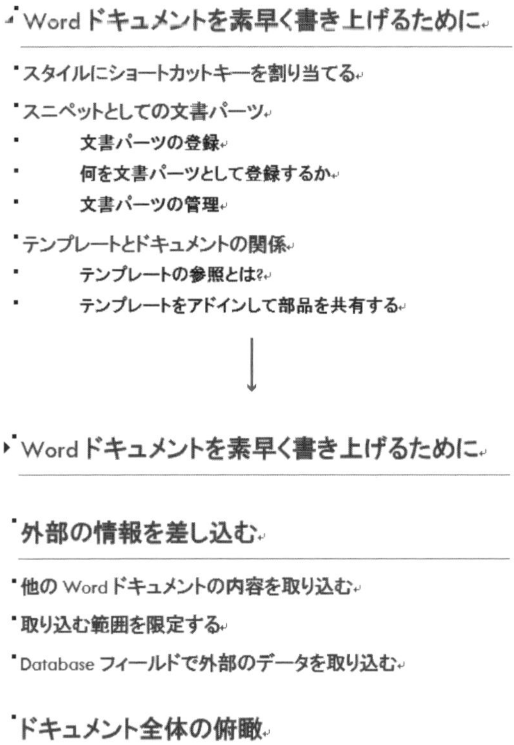

Word ドキュメントを素早く書き上げるために
スタイルにショートカットキーを割り当てる
スニペットとしての文書パーツ
文書パーツの登録
何を文書パーツとして登録するか
文書パーツの管理
テンプレートとドキュメントの関係
テンプレートの参照とは?
テンプレートをアドインして部品を共有する
↓
Word ドキュメントを素早く書き上げるために
外部の情報を差し込む
他の Word ドキュメントの内容を取り込む
取り込む範囲を限定する
Database フィールドで外部のデータを取り込む
ドキュメント全体の俯瞰

あとがき

プログラミング言語Perlの作者ラリー・ウォールが、1991年に共著者として世に出した『Programming Perl』(赤ラクダ本)。当時学生だった筆者は翻訳※で本書を読み、その中に書かれていた「プログラマの三大美徳」こと怠惰・短気・傲慢にいたく感銘を受けたことを今でも覚えています。

それから社会人になり、生まれてはじめて出会った「Excel方眼紙」。美徳の一つ「怠惰」を別の意味で発揮してメンテナンス性の低いドキュメントを量産するエンジニア、「怠惰」を尊重せずにチマチマと連番を振り直すエンジニア……若気の至りで職場の先輩と「なんでTeXじゃないの?」などと議論したことも覚えています。そして2008年、「なぜこんなドキュメントがまかり通っているのか、まともなドキュメントを作成する方法はちゃんとあるじゃないか」との思いから出したのが本書の初版でした。

それから12年、本書初版の貢献の有無はさておき、今やExcel方眼紙は「消極的賛成」、つまり「これが最適とは思わないが、他に代替手段が思いつかない」という状況に変わりつつあります。しかし大部分のエンジニアが利用するPCにWordがインストールされているにもかかわらず、Wordの人気が高まったかと言えば、そこは微妙です。以前と変わらず、「Wordは思い通りに動かない」と思われているのがその理由でしょう。HTML/CSSが当たり前になり、「構造と見栄えの分離」という考え方に賛同しないエンジニアはほぼいなくなった現在ですが、Wordのスタイルはそのとっつきにくさから、未だ一般的になっていません。確かに多少の慣れが必要なのは事実ですが、スタイルを設計し、テンプレートとして必要な部品を揃えてしまえば、ドキュメントの作成とメンテナンスは本当に簡単になります。今回上梓した改訂版が、多少なりともこの現状を改善できればと考えています。

一方、最近は「Markdown最高! Word死すべし!」という言葉も聞かれます。筆者もMarkdownは普通に利用していますが、まえがきにも書いた通り、ツールは用途や目的に合わせて選ぶべきです。図が多いドキュメン

※『Perlプログラミング』ソフトバンククリエイティブより1993年発行

トの図をPowerPointで作成→スクリーンショットを取ってPNGとして保存→Markdown内に画像埋め込み……そこまでするなら最初からPowerPointでいいんじゃない？と思います。また、顧客との議事録をWikiに書いてPDF化して送りつける（顧客側でのコメントの手間を考えていない）、納品物件として直接Markdown形式のテキストファイルを納品（「どうやって編集するんですか」との質問に「Visual Studio Codeを入れればいいんですよ」とこともなげに回答）など、別の観点で「傲慢」を発揮するエンジニアも残念なことに目にしてきました。

双方向のコミュニケーションを期待するなら、情報を提供するだけではなく、相手からの効率的なフィードバックも考えなければなりません。Wordに代表されるOffice製品は、その普及度合いから考えても、対外的なコミュニケーションの第一の選択肢となるでしょう。もちろん、そのためだけに生産性を落としたくないのは誰もが同じ。そこで本書の改版に際しては、Wordを使って効率よくドキュメントを作成するためのヒントを、旧版以上に盛り込んだつもりです。紙幅の都合上取り上げられませんでしたが、現在のOfficeはOneDriveやSharePointを経由することで、Google DocsやAtlassian Confluenceで行えるような同時編集もサポートしています。今いちど、WordやOfficeが持つ実力を再認識いただければと思います。

本書の出版にあたっては、翔泳社の榎かおり氏、片岡仁氏、大嶋航平氏に多大なるご協力をいただきました。そしていつも筆者の傍らで支え続けてくれる愛する妻・紅に、心からの感謝を捧げたいと思います。

佐藤竜一

索引

本書内容に関するお問い合わせについて

このたびは翔泳社の書籍をお買い上げいただき、誠にありがとうございます。弊社では、読者の皆様からのお問い合わせに適切に対応させていただくため、以下のガイドラインへのご協力をお願い致しております。下記項目をお読みいただき、手順に従ってお問い合わせください。

●ご質問される前に

弊社Webサイトの「正誤表」をご参照ください。これまでに判明した正誤や追加情報を掲載しています。

正誤表　https://www.shoeisha.co.jp/book/errata/

●ご質問方法

弊社Webサイトの「刊行物Q&A」をご利用ください。

刊行物Q&A　https://www.shoeisha.co.jp/book/qa/

インターネットをご利用でない場合は、FAXまたは郵便にて、下記"翔泳社 愛読者サービスセンター"までお問い合わせください。
電話でのご質問は、お受けしておりません。

●回答について

回答は、ご質問いただいた手段によってご返事申し上げます。ご質問の内容によっては、回答に数日ないしはそれ以上の期間を要する場合があります。

●ご質問に際してのご注意

本書の対象を越えるもの、記述個所を特定されないもの、また読者固有の環境に起因するご質問等にはお答えできませんので、予めご了承ください。

●郵便物送付先およびFAX番号

送付先住所　〒160-0006　東京都新宿区舟町5
FAX番号　03-5362-3818
宛先　（株）翔泳社 愛読者サービスセンター

著者紹介

佐藤 竜一（さとう りゅういち）

1995年、図書館情報大学図書館情報学部卒業。プログラマ／アーキテクトとして各種システムの企画・構築から開発標準策定、アプリケーション開発基盤の構築を手がける傍ら、テクニカルライターとして書籍の執筆や翻訳に従事。趣味は台湾・香港を中心としたアジア旅行、史跡や古建築を愛でる街歩きと野球観戦。

著書・訳書に『改訂新版 正規表現辞典』『エンジニアのためのJavadoc再入門講座』『ユースケース駆動開発実践ガイド』（共訳）『実践プログラミングDSL ドメイン特化言語の設計と実装のノウハウ』（以上翔泳社）など。

装丁＆本文デザイン　石垣由梨（Isshiki）
DTP　Isshiki

エンジニアのためのWord（ワード）再入門講座 新版
美しくメンテナンス性の高い開発ドキュメントの作り方

2020年 6月10日 初版第1刷発行
2021年 6月 5日 初版第2刷発行

著　者　佐藤 竜一（さとう りゅういち）
発行人　佐々木 幹夫
発行所　株式会社 翔泳社（https://www.shoeisha.co.jp）
印刷・製本　株式会社 廣済堂

※本書へのお問い合わせについては、239ページの内容をお読みください。落丁・乱丁はお取り替えいたします。03-5362-3705 までご連絡ください。

ISBN 978-4-7981-6424-3　Printed in Japan